1 출간 교재

분류	과목	교재	예비 초등	1-2학년				3-4학년				5-6학년				예비중등
쓰기력	국어	한글 바로 쓰기	P1 · P2 · P3 / P1~3_활동 모음집													
	국어	맞춤법 바로 쓰기		1A	1B	2A	2B									
어휘력	전 과목	어휘		1A	1B	2A	2B	3A	3B	4A	4B	5A	5B	6A	6B	
	전 과목	한자 어휘		1A	1B	2A	2B	3A	3B	4A	4B	5A	5B	6A	6B	
	영어	파닉스		1		2										
	영어	영단어						3A	3B	4A	4B	5A	5B	6A	6B	
독해력	국어	독해	P1 · P2	1A	1B	2A	2B	3A	3B	4A	4B	5A	5B	6A	6B	
	한국사	독해 인물편						1		2		3		4		
	한국사	독해 시대편						1		2		3		4		
계산력	수학	계산		1A	1B	2A	2B	3A	3B	4A	4B	5A	5B	6A	6B	7A · 7B
교과서 문해력	전 과목	교과서가 술술 읽히는 서술어		1A	1B	2A	2B	3A	3B	4A	4B	5A	5B	6A	6B	
	사회	교과서 독해						3A	3B	4A	4B	5A	5B	6A	6B	
	과학	교과서 독해						3A	3B	4A	4B	5A	5B	6A	6B	
	수학	문장제 기본		1A	1B	2A	2B	3A	3B	4A	4B	5A	5B	6A	6B	
	수학	문장제 발전		1A	1B	2A	2B	3A	3B	4A	4B	5A	5B	6A	6B	
창의·사고력	전 과목	교과서 놀이 활동북	1 2 3 4 (예비 초등 ~ 초등 2학년)													

⋮

* 완자 공부력 신간은 계속해서 출간됩니다.

세상이 변해도
배움의 즐거움은
변함없도록

시대는 빠르게 변해도
배움의 즐거움은
변함없어야 하기에

어제의 비상은
남다른 교재부터
결이 다른 콘텐츠
전에 없던 교육 플랫폼까지

변함없는 혁신으로
교육 문화 환경의 새로운 전형을
실현해왔습니다.

비상은 오늘, 다시 한번
새로운 교육 문화 환경을 실현하기 위한
또 하나의 혁신을 시작합니다.

오늘의 내가 어제의 나를 초월하고
오늘의 교육이 어제의 교육을 초월하여
배움의 즐거움을 지속하는 혁신,

바로, 메타인지 기반 완전 학습을.

상상을 실현하는 교육 문화 기업 비상

메타인지 기반 완전 학습
초월을 뜻하는 meta와 생각을 뜻하는 인지가 결합한 메타인지는
자신이 알고 모르는 것을 스스로 구분하고 학습계획을 세우도록 하는
궁극의 학습 능력입니다. 비상의 메타인지 기반 완전 학습 시스템은
잠들어 있는 메타인지를 깨워 공부를 100% 내 것으로 만들도록 합니다.

초대장

당신을 동물들의 숲속 파티에 초대합니다.
준비물은 단 하나, 직접 만든 음식!
단, 주어진 문제를 모두 풀어야만 파티에 참석할 수 있어요!

그럼 지금부터 문제를 차근차근 풀면서
파티 준비를 해 볼까요?

수학 문장제 발전
단계별 구성

1A	1B	2A	2B	3A	3B
9까지의 수	100까지의 수	세 자리 수	네 자리 수	덧셈과 뺄셈	곱셈
여러 가지 모양	덧셈과 뺄셈(1)	여러 가지 도형	곱셈구구	평면도형	나눗셈
덧셈과 뺄셈	모양과 시각	덧셈과 뺄셈	길이 재기	나눗셈	원
비교하기	덧셈과 뺄셈(2)	길이 재기	시각과 시간	곱셈	분수
50까지의 수	규칙 찾기	분류하기	표와 그래프	길이와 시간	들이와 무게
	덧셈과 뺄셈(3)	곱셈	규칙 찾기	분수와 소수	자료의 정리

교과서 전 단원, 전 영역 뿐만 아니라 다양한 시험에 나오는
복잡한 수학 문장제를 분석하고 단계별 풀이를 통해
문제 해결력을 강화해요!

수 , 연산 , 도형과 측정 , 자료와 가능성 , 변화와 관계 영역의
다양한 문장제를 해결해 봐요.

4A	4B	5A	5B	6A	6B
큰 수	분수의 덧셈과 뺄셈	자연수의 혼합 계산	수의 범위와 어림하기	분수의 나눗셈	분수의 나눗셈
각도	삼각형	약수와 배수	분수의 곱셈	각기둥과 각뿔	소수의 나눗셈
곱셈과 나눗셈	소수의 덧셈과 뺄셈	규칙과 대응	합동과 대칭	소수의 나눗셈	공간과 입체
평면도형의 이동	사각형	약분과 통분	소수의 곱셈	비와 비율	비례식과 비례배분
막대 그래프	꺾은선 그래프	분수의 덧셈과 뺄셈	직육면체	여러 가지 그래프	원의 둘레와 넓이
규칙 찾기	다각형	다각형의 둘레와 넓이	평균과 가능성	직육면체의 부피와 겉넓이	원기둥, 원뿔, 구

특징과 활용법

준비하기
단원별 2쪽 가볍게 몸풀기

그림 속 이야기를 읽어 보면서
간단한 문장으로 된
문제를 풀어 보아요.

일차 학습
하루 6쪽 문장제 학습

문제 속 조건과 구하려는 것을
찾고, 단계별 풀이를 통해
문제 해결력이 쑥쑥~

서하는 지우개를 3개 가지고
미래는 지우개를 서하보다 1개
동윤이는 지우개를 미래보다 1개
가지고 있습니다. /
동윤이가 가지고 있는 지우개는

→ 구해야 할 것

실력 확인하기

단원별 마무리와 총정리 실력 평가

· 단원 마무리 ·

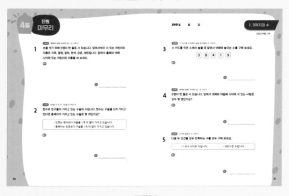

· 실력 평가 ·

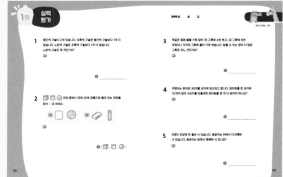

앞에서 배웠던 문장제를 풀면서
실력을 확인해요.
마지막 도전 문제까지 성공하면
최고!

한 권을 모두 끝낸 후엔
실력 평가로 내 실력을
점검해요!

정답과 해설

정답과 해설을 빠르게 확인하고,
틀린 문제는 다시 풀어요!
QR을 찍으면 모바일로도
정답을 확인할 수 있어요.

차례

1 9까지의 수

내 몸의 무늬를
색칠하여 꾸며 봐!

1일

- 1만큼 더 큰 수,
  1만큼 더 작은 수
- 몇째와 몇째 사이에 있는 것 구하기

2일

- 수 카드를 순서대로
  놓을 때 몇째의 수
  구하기
- 기준을 다르게 하여
  셀 때 몇째인지
  구하기

3일

- 수의 순서를 이용하여
  전체의 수 구하기
- 조건에 알맞은 수 구하기

4일

단원 마무리

문장제 준비하기

함께 이야기해요!

요리를 만들며 빈칸에 알맞은 수나 말을 써 보세요.

병 안에 있는 레몬은 ☐ 개,

오렌지는 ☐ 개야.

초콜릿을 한 개 먹으면 초콜릿의 수는

3보다 1만큼 더 작은 수인 ☐ 개야.

* RECIPE *

머핀 만들기

준비물

달걀 4개, 체리 2개

버터 2개, 초콜릿 5개

딸기가 5개, 달걀이 4개 있네.

5와 4 중에서 더 큰 수는 ☐ 야.

갈색 달걀은 왼쪽에서 ☐ 야.

1

서하는 지우개를 3개 가지고 있습니다. /
미래는 지우개를 서하보다 1개 더 많이, /
동윤이는 지우개를 미래보다 1개 더 많이 /
가지고 있습니다. /
동윤이가 가지고 있는 지우개는 몇 개인가요?

└─→ ★ 구해야 할 것

서하

문제 돋보기

✓ 서하가 가지고 있는 지우개 수는? → ☐개

✓ 미래가 가지고 있는 지우개 수는? → ☐보다 ☐만큼 더 큰 수

✓ 동윤이가 가지고 있는 지우개 수는?

→ 미래가 가지고 있는 지우개 수보다 ☐만큼 더 큰 수

★ 구해야 할 것은?

→ _____ 동윤이가 가지고 있는 지우개 수

풀이 과정

❶ 미래가 가지고 있는 지우개 수는?

☐보다 1만큼 더 큰 수는 ☐입니다. ⇨ ☐개

└─→ 서하가 가지고 있는 지우개 수

❷ 동윤이가 가지고 있는 지우개 수는?

☐보다 1만큼 더 큰 수는 ☐입니다. ⇨ ☐개

└─→ 미래가 가지고 있는 지우개의 수

답 _____

정답과 해설 2쪽

💡 왼쪽 **①** 번과 같이 문제에 색칠하고 밑줄을 그어 가며 문제를 풀어 보세요.

1-1 선재와 친구들이 먹은 귤의 수입니다. / 현빈이가 먹은 귤은 몇 개인가요?

> • 선재는 귤을 9개 먹었습니다.
> • 민아는 선재보다 귤을 1개 더 적게 먹었습니다.
> • 현빈이는 민아보다 귤을 1개 더 적게 먹었습니다.

문제 돋보기

✔ 선재가 먹은 귤의 수는? → ☐ 개

✔ 민아가 먹은 귤의 수는? → ☐ 보다 ☐ 만큼 더 작은 수

✔ 현빈이가 먹은 귤의 수는?

→ 민아가 먹은 귤의 수보다 ☐ 만큼 더 작은 수

★ 구해야 할 것은?

→ _____

풀이 과정

❶ 민아가 먹은 귤의 수는?

☐ 보다 ☐ 만큼 더 작은 수는 ☐ 입니다. ⇨ ☐ 개

❷ 현빈이가 먹은 귤의 수는?

☐ 보다 ☐ 만큼 더 작은 수는 ☐ 입니다. ⇨ ☐ 개

답 _____

문제가 어려웠나요?

☐ 어려워요!

☐ 적당해요 ^_^

☐ 쉬워요 >o<

13

몇째와 몇째 사이에 있는 것 구하기

2 주스를 사기 위해 / 9명이 한 줄로 서 있습니다. /
앞에서 넷째와 일곱째 사이에 있는 / 어린이의 이름을 모두 써 보세요.

└─→ 구해야 할 것

은지　현수　종영　민하　유선　재석　준서　나경　소혜

문제 돋보기

✔ 첫째에 있는 어린이의 이름은?

→ 순서를 왼쪽에서부터 세므로 첫째에 있는 어린이는 [　　　] 입니다.

★ 구해야 할 것은?

→ ＿＿＿＿ 넷째와 일곱째 사이에 있는 어린이의 이름 ＿＿＿＿

풀이 과정

❶ 넷째에 있는 어린이는?

은지부터 첫째, 둘째, 셋째, 넷째이므로 [　　　] 입니다.

❷ 일곱째에 있는 어린이는?

은지부터 첫째, …… 다섯째, 여섯째, 일곱째이므로 [　　　] 입니다.

❸ 넷째와 일곱째 사이에 있는 어린이는?

[　　　] 와(과) [　　　] 사이에 있는 어린이: [　　　] , [　　　]

❸ 답 ＿＿＿＿＿＿＿＿＿＿＿＿＿

정답과 해설 3쪽

 왼쪽 **2**번과 같이 문제에 색칠하고 밑줄을 그어 가며 문제를 풀어 보세요.

2-1

1부터 9까지의 수 카드를 / 9부터 순서를 거꾸로 하여 놓았습니다. / 일곱째와 아홉째 사이에 놓인 / 수 카드의 수는 무엇인가요?

문제 돋보기

✔ 첫째에 놓인 수는?

→ 9부터 순서를 거꾸로 하여 놓았으므로 첫째에 놓인 수는 ☐ 입니다.

★ 구해야 할 것은?

→ _____

풀이 과정

❶ 1부터 9까지의 수를 9부터 순서를 거꾸로 하여 놓으면?

9, ☐ , ☐ , ☐ , ☐ , ☐ , ☐ , ☐ , ☐
└─ 첫째

❷ 일곱째와 아홉째에 놓인 수는?

일곱째: ☐ , 아홉째: ☐

❸ 일곱째와 아홉째 사이에 놓인 수는?

☐ 와(과) ☐ 사이에 놓인 수: ☐

문제가 어려웠나요?

☐ 어려워요!

☐ 적당해요 ^_^

☐ 쉬워요 >o<

답 _____

 문제를 읽고 '연습하기'에서 했던 것처럼 밑줄을 그어 가며 문제를 풀어 보세요.

1 지윤이가 가지고 있는 색종이의 수입니다. 노란색 색종이는 몇 장인가요?

> • 빨간색 색종이는 2장입니다.
> • 파란색 색종이는 빨간색 색종이보다 1장 더 많습니다.
> • 노란색 색종이는 파란색 색종이보다 1장 더 많습니다.

❶ 파란색 색종이 수는?

❷ 노란색 색종이 수는?

답 _____

2 예방 주사를 맞기 위해 5명이 한 줄로 서 있습니다. 앞에서부터 서 있는 어린이의 이름은 종석, 희영, 동운, 기정, 세빈입니다. 앞에서 셋째와 다섯째 사이에 있는 어린이의 이름을 써 보세요.

❶ 셋째에 있는 어린이의 이름은?

❷ 다섯째에 있는 어린이의 이름은?

❸ 셋째와 다섯째 사이에 있는 어린이의 이름은?

답 _____

3 1부터 9까지의 수 카드를 9부터 순서를 거꾸로 하여 놓았습니다.
셋째와 일곱째 사이에 놓인 수 카드의 수를 모두 써 보세요.

❶ 1부터 9까지의 수를 9부터 순서를 거꾸로 하여 놓으면?

❷ 셋째와 일곱째에 놓인 수는?

❸ 셋째와 일곱째 사이에 놓인 수는?

답 _____

4 핸드볼 경기에서 하중이와 정민이가 넣은 골의 수를 말하였습니다.
하중이가 넣은 골은 몇 골인가요?

정민이가 넣은 골의 수는
내가 넣은 골의 수보다
1만큼 더 작은 수야.

내가 넣은 골의
수는 5보다 1만큼
더 큰 수야.

하중   정민

❶ 정민이가 넣은 골의 수는?

❷ 하중이가 넣은 골의 수는?

답 _____

17

1 수 카드를 작은 수부터 놓을 때 /

앞에서 둘째에 놓이는 수를 구해 보세요.

┗→ ★ 구해야 할 것

7 3 1 4 8

문제 돋보기

✓ 수 카드를 놓는 방법은?

→ 수 카드를 [ ] 수부터 놓기

★ 구해야 할 것은?

→ _____ 앞에서 둘째에 놓이는 수 _____

풀이 과정

❶ 수 카드를 작은 수부터 놓으면?

7, 3, 1, 4, 8을 작은 수부터 놓으면

[ ] , [ ] , [ ] , [ ] , [ ] 입니다.
┗→ 첫째

❷ 앞에서 둘째에 놓이는 수는?

위 ❶에서 앞에서 둘째에 놓이는 수는 [ ] 입니다.

답 _____

정답과 해설 4쪽

왼쪽 ❶번과 같이 문제에 색칠하고 밑줄을 그어 가며 문제를 풀어 보세요.

1-1 수 카드를 큰 수부터 놓을 때 / 앞에서 넷째에 놓이는 수를 구해 보세요.

| 2 | 5 | 9 | 7 | 6 | 3 |

문제 돋보기

✔ 수 카드를 놓는 방법은?

→ 수 카드를 [ ] 수부터 놓기

★ 구해야 할 것은?

→ _____

풀이 과정

❶ 수 카드를 큰 수부터 놓으면?

2, 5, 9, 7, 6, 3을 큰 수부터 놓으면

[ ], [ ], [ ], [ ], [ ], [ ] 입니다.

❷ 앞에서 넷째에 놓이는 수는?

위 ❶에서 앞에서 넷째에 놓이는 수는 [ ] 입니다.

문제가 어려웠나요?

☐ 어려워요!

☐ 적당해요 ^-^

☐ 쉬워요 >o<

답 _____

기준을 다르게 하여 셀 때 몇째인지 구하기

2

8명이 한 줄로 서 있습니다. /

연수는 뒤에서 넷째에 서 있습니다. /

연수는 앞에서 몇째에 서 있나요?

└→ ★ 구해야 할 것

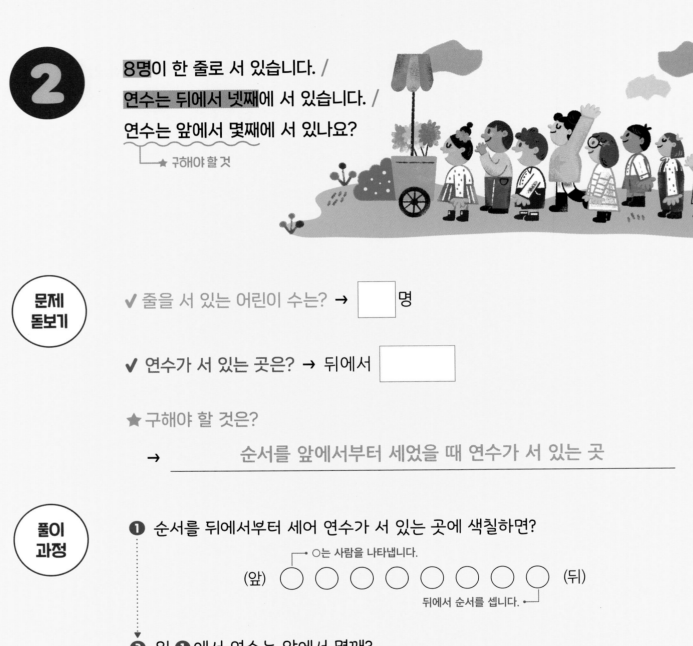

문제 돋보기

✔ 줄을 서 있는 어린이 수는? → ☐ 명

✔ 연수가 서 있는 곳은? → 뒤에서 ☐

★ 구해야 할 것은?

→ <u>순서를 앞에서부터 세었을 때 연수가 서 있는 곳</u>

풀이 과정

❶ 순서를 뒤에서부터 세어 연수가 서 있는 곳에 색칠하면?

┌→ ○는 사람을 나타냅니다.

(앞) ○ ○ ○ ○ ○ ○ ○ ○ (뒤)

뒤에서 순서를 셉니다. ←┘

❷ 위 ❶에서 연수는 앞에서 몇째?

위 ❶에서 색칠한 곳은 앞에서 ☐ 이므로

연수는 앞에서 ☐ 에 서 있습니다.

답 _____

정답과 해설 4쪽

💡 왼쪽 ❷번과 같이 문제에 색칠하고 밑줄을 그어 가며 문제를 풀어 보세요.

2-1 9명이 운동장에 한 줄로 서 있습니다. / 현기는 앞에서 여섯째에 서 있습니다. / 현기는 뒤에서 몇째에 서 있나요?

문제 돋보기

✔ 줄을 서 있는 어린이 수는? → ☐ 명

✔ 현기가 서 있는 곳은? → 앞에서 ☐

★ 구해야 할 것은?

→ _____

풀이 과정

❶ 순서를 앞에서부터 세어 현기가 서 있는 곳에 색칠하면?

(앞) ◯ ◯ ◯ ◯ ◯ ◯ ◯ ◯ ◯ (뒤)

❷ 위 ❶에서 현기는 뒤에서 몇째?

위 ❶에서 색칠한 곳은 뒤에서 ☐ 이므로

현기는 뒤에서 ☐ 에 서 있습니다.

문제가 어려웠나요?

☐ 어려워요!

☐ 적당해요 ^-^

☐ 쉬워요 >o<

답 _____

 문제를 읽고 '연습하기'에서 했던 것처럼 밑줄을 그어 가며 문제를 풀어 보세요.

1 수 카드를 작은 수부터 놓을 때 앞에서 셋째에 놓이는 수를 구해 보세요.

$$\boxed{4}\quad\boxed{8}\quad\boxed{1}\quad\boxed{5}\quad\boxed{2}$$

❶ 수 카드를 작은 수부터 놓으면?

❷ 앞에서 셋째에 놓이는 수는?

답 _____

2 7명이 한 줄로 서 있습니다. 중원이는 앞에서 셋째에 서 있습니다.
중원이는 뒤에서 몇째에 서 있나요?

❶ ◯를 7개 그린 다음 순서를 앞에서부터 세어 중원이가 서 있는 곳에 색칠하면?

❷ 위 ❶에서 중원이는 뒤에서 몇째?

답 _____

3 수 카드를 큰 수부터 놓을 때 뒤에서 다섯째에 놓이는 수를 구해 보세요.

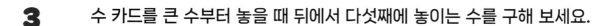

❶ 수 카드를 큰 수부터 놓으면?

❷ 뒤에서 다섯째에 놓이는 수는?

답 _____

4 주호네 모둠은 8명입니다. 모둠 학생들이 키가 큰 순서대로 한 줄로 섰더니
주호가 앞에서 넷째가 되었습니다. 키가 작은 순서대로 다시 줄을 서면
주호는 앞에서 몇째에 서 있게 되나요?

❶ ◯를 8개 그린 다음 순서를 큰 학생부터 세어 주호가 서 있는 곳에 색칠하면?

❷ 위 ❶에서 키가 작은 순서대로 줄을 서면 주호는 앞에서 몇째?

답 _____

문장제 연습하기

수의 순서를 이용하여 전체의 수 구하기

1 맛이 각각 다른 사탕을 한 줄로 놓았습니다. /
자두 맛 사탕은 **왼쪽에서 둘째**, /
오른쪽에서 다섯째에 놓여 있습니다. /
사탕은 모두 몇 개인가요?

└─→ ★ 구해야 할 것

문제 돋보기

✔ 자두 맛 사탕은 왼쪽에서 몇째? → 왼쪽에서 ☐

✔ 자두 맛 사탕은 오른쪽에서 몇째? → 오른쪽에서 ☐

★ 구해야 할 것은?

→ _____ 전체 사탕의 수 _____

풀이 과정

❶ 왼쪽에서 둘째까지 ◯를 그려서 둘째에 색칠하고,
색칠한 ⬤가 오른쪽에서 다섯째가 되도록 ◯를 그리면?

(왼쪽) ◯ ◯ ◯ ◯ ◯ ◯ ◯ ◯ ◯ (오른쪽)

❷ 사탕은 모두 몇 개?

위 ❶에서 그린 ◯는 모두 ☐ 개이므로

사탕은 모두 ☐ 개입니다.

답 _____

왼쪽 ❶번과 같이 문제에 색칠하고 밑줄을 그어 가며 문제를 풀어 보세요.

1-1 학생들이 한 줄로 서서 / 달리기를 하고 있습니다. / 주안이는 앞에서 넷째, / 뒤에서 넷째로 달리고 있습니다. / 달리기를 하는 학생은 / 모두 몇 명인가요?

문제 돋보기

✔ 주안이는 앞에서 몇째? → 앞에서 ☐

✔ 주안이는 뒤에서 몇째? → 뒤에서 ☐

★ 구해야 할 것은?

→ _____

풀이 과정

❶ 앞에서 넷째까지 ◯를 그려서 넷째에 색칠하고,
색칠한 ⬤가 뒤에서 넷째가 되도록 ◯를 그리면?

(앞) ◯ ◯ ◯ ◯ ◯ ◯ ◯ ◯ ◯ (뒤)

❷ 달리기를 하는 학생 수는?

위 ❶에서 그린 ◯는 모두 ☐개이므로

학생은 모두 ☐명입니다.

답 _____

문제가 어려웠나요?

☐ 어려워요!

☐ 적당해요 ^_^

☐ 쉬워요 >o<

2

1부터 9까지의 수 중에서 /

동주와 수범이가 말한 조건을 모두 만족하는 수를 / 모두 구해 보세요.

└─ ★ 구해야 할 것

3과 8 사이의 수야.

6보다 작은 수야.

동주

수범

문제 돋보기

✓ 동주가 말한 수는? → ☐ 과 ☐ 사이의 수

✓ 수범이가 말한 수는? → ☐ 보다 작은 수

★ 구해야 할 것은?

→ _____ 동주와 수범이가 말한 조건을 모두 만족하는 수 _____

풀이 과정

❶ 3과 8 사이의 수는?

3부터 8까지의 수를 순서대로 쓰면 3, 4, ☐ , ☐ , ☐ , ☐

이므로 3과 8 사이의 수는 4, ☐ , ☐ , ☐ 입니다.

└─ 3과 8을 포함하지 않습니다.

❷ 위 ❶ 에서 구한 수 중에서 6보다 작은 수는?

4, ☐ , ☐ , ☐ 중에서 6보다 작은 수는 ☐ , ☐ 입니다.

답 _____

26

정답과 해설 6쪽

왼쪽 **2**번과 같이 문제에 색칠하고 밑줄을 그어 가며 문제를 풀어 보세요.

2-1 다음 두 조건을 모두 만족하는 수를 모두 구해 보세요.

> • 4와 9 사이의 수입니다.
> • 6보다 큰 수입니다.

문제 돋보기

✔ 첫째 조건은? → ☐ 와 ☐ 사이의 수

✔ 둘째 조건은? → ☐ 보다 큰 수

★ 구해야 할 것은?

→ _____

풀이 과정

❶ 4와 9 사이의 수는?

4부터 9까지의 수를 순서대로 쓰면 4, 5, ☐ , ☐ , ☐ , ☐

이므로 4와 9 사이의 수는 5, ☐ , ☐ , ☐ 입니다.

❷ 위 ❶에서 구한 수 중에서 6보다 큰 수는?

5, ☐ , ☐ , ☐ 중에서 6보다 큰 수는

☐ , ☐ 입니다.

답 _____

◆ 수의 순서를 이용하여 전체의 수 구하기
◆ 조건에 알맞은 수 구하기

 문제를 읽고 '연습하기'에서 했던 것처럼 밑줄을 그어 가며 문제를 풀어 보세요.

1 학생들이 한 줄로 서서 달리기를 하고 있습니다. 혜지는 앞에서 여섯째, 뒤에서 첫째로 달리고 있습니다. 달리기를 하는 학생은 모두 몇 명인가요?

❶ 앞에서 여섯째까지 ◯를 그려서 여섯째에 색칠하고,

색칠한 ⬤가 뒤에서 첫째가 되도록 ◯를 그리면?

❷ 달리기를 하는 학생 수는?

답 _____

2 다음 두 조건을 모두 만족하는 수를 구해 보세요.

• 5와 9 사이의 수입니다.
• 7보다 작은 수입니다.

❶ 5와 9 사이의 수는?

❷ 위 ❶에서 구한 수 중에서 7보다 작은 수는?

답 _____

정답과 해설 6쪽

3 쌓기나무를 한 줄로 위로 쌓았습니다. 빨간색 쌓기나무는 위에서 셋째, 아래에서 일곱째에 있습니다. 쌓은 쌓기나무는 모두 몇 개인가요?

❶ 위에서 셋째까지 ◯를 그려서 셋째에 색칠하고,

색칠한 ⬤가 아래에서 일곱째가 되도록 ◯를 그리면?

❷ 쌓은 쌓기나무 수는?

답 _____

4 1부터 9까지의 수 중에서 재빈이와 윤서가 말한 두 조건을 만족하는 수를 모두 구해 보세요.

> • 재빈: 1과 7 사이의 수야.
> • 윤서: 4와 8 사이의 수야.

❶ 재빈이가 말한 수는?

❷ 윤서가 말한 수는?

❸ 위 ❶과 ❷에서 구한 공통인 수는?

답 _____

1

14쪽 몇째와 몇째 사이에 있는 것 구하기

손을 씻기 위해 6명이 한 줄로 서 있습니다. 앞에서부터 서 있는 어린이의 이름은 지후, 동영, 윤하, 현석, 강준, 채린입니다. 앞에서 둘째와 넷째 사이에 있는 어린이의 이름을 써 보세요.

풀이

답 _____

2

12쪽 1만큼 더 큰 수, 1만큼 더 작은 수

현수와 친구들이 가지고 있는 구슬의 수입니다. 현수는 구슬을 5개 가지고 있다면 종욱이가 가지고 있는 구슬은 몇 개인가요?

> • 민호는 현수보다 구슬을 1개 더 많이 가지고 있습니다.
> • 종욱이는 민호보다 구슬을 1개 더 많이 가지고 있습니다.

풀이

답 _____

3

18쪽 수 카드를 순서대로 놓을 때 몇째의 수 구하기

수 카드를 작은 수부터 놓을 때 앞에서 넷째에 놓이는 수를 구해 보세요.

| 3 | 8 | 4 | 1 | 9 |

풀이

답 _____

4

14쪽 몇째와 몇째 사이에 있는 것 구하기

9명이 한 줄로 서 있습니다. 앞에서 넷째와 여덟째 사이에 서 있는 사람은 모두 몇 명인가요?

풀이

답 _____

5

26쪽 조건에 알맞은 수 구하기

다음 두 조건을 모두 만족하는 수를 모두 구해 보세요.

> • 1과 6 사이의 수입니다.   • 3보다 큰 수입니다.

풀이

답 _____

6

[18쪽] 수 카드를 순서대로 놓을 때 몇째의 수 구하기

수 카드를 큰 수부터 놓을 때 뒤에서 셋째에 놓이는 수를 구해 보세요.

| 7 | 0 | 5 | 3 | 6 | 8 |

풀이

답 _____

7

[20쪽] 기준을 다르게 하여 셀 때 몇째인지 구하기

6명이 운동장에 한 줄로 서 있습니다. 예진이는 뒤에서 둘째에
서 있습니다. 예진이는 앞에서 몇째에 서 있나요?

풀이

답 _____

8

[24쪽] 수의 순서를 이용하여 전체의 수 구하기

맛이 각각 다른 젤리를 한 줄로 놓았습니다. 레몬 맛 젤리는 왼쪽에서
다섯째, 오른쪽에서 넷째에 놓여 있습니다. 젤리는 모두 몇 개인가요?

풀이

답 _____

9 [20쪽] 기준을 다르게 하여 셀 때 몇째인지 구하기

연아네 모둠은 9명입니다. 모둠 학생들이 키가 작은 순서대로
한 줄로 섰더니 연아가 앞에서 둘째가 되었습니다. 키가 큰 순서대로
다시 줄을 서면 연아는 앞에서 몇째에 서게 되나요?

풀이

답 _____

[12쪽] 1만큼 더 큰 수, 1만큼 더 작은 수

도전문제 [26쪽] 조건에 알맞은 수 구하기

10 재성이가 가지고 있는 연필의 수는 은빈이가 가지고 있는 연필의 수보다
1만큼 더 큰 수입니다. 재성이가 가지고 있는 연필의 수가 6과 8 사이의
수라면 은빈이가 가지고 있는 연필은 몇 자루인가요?

❶ 재성이가 가지고 있는 연필의 수는?

❷ 은빈이가 가지고 있는 연필의 수는?

답 _____

2 여러 가지 모양

내 배를 색칠하여
재미있게 꾸며 봐!

5일

· 설명하는 모양의 물건 찾기

· 공통으로 있는 모양 찾기

6일

· 규칙에 따라
알맞은 모양 찾기

· 처음에 가지고 있던
모양의 수 구하기

7일

단원 마무리

함께 이야기해요!

요리를 만들며 알맞은 모양에 ◯표 해 보세요.

**문장제
준비하기**

* RECIPE *
# 햄버거 만들기

준비물

빵 2개, 치즈 1개

햄 1개, 상추 2장

토마토 2개

통조림통은
모두 (⬜ , 🔲 , ⚪) 모양이야.
평평한 부분과 둥근 부분이 있어.

사탕은 모두 (⬜ , 🔲 , ⚪) 모양이야.
둥근 부분만 있고, 어느 방향으로도 잘 굴러가.

과자 상자는
모두 (⬜ , 🔲 , ⚪) 모양이야.
잘 쌓을 수 있고, 잘 굴러가지 않아.

① 설명하는 모양과 / 같은 모양의 물건을 모두 찾아 / 기호를 써 보세요.
└─★ 구해야 할 것

- 평평한 부분이 있습니다.
- 잘 굴러가지 않습니다.

 ㉠   ㉡   ㉢   ㉣

문제 돋보기

✔ 평평한 부분이 있는 모양은? → (▨ , ▥ , ●)

✔ 잘 굴러가지 않는 모양은? → (▨ , ▥ , ●)

★ 구해야 할 것은?

→ _____ 설명하는 모양과 같은 모양의 물건 _____

풀이 과정

❶ 설명하는 모양은?

평평한 부분이 있고, 잘 굴러가지 않는 모양은

(▨ , ▥ , ●) 모양입니다.

❷ 위 ❶에서 답한 모양과 같은 모양의 물건은?

(▨ , ▥ , ●) 모양의 물건을 모두 찾아 기호를 쓰면

[ ] , [ ] 입니다.

답 _____

정답과 해설 8쪽

왼쪽 ❶번과 같이 문제에 색칠하고 밑줄을 그어 가며 문제를 풀어 보세요.

1-1 설명하는 모양과 / 같은 모양의 물건을 모두 찾아 / 기호를 써 보세요.

> • 잘 굴러갑니다.
> • 쌓을 수 없습니다.

 ㉠   ㉡   ㉢   ㉣   ㉤

문제 돋보기

✔ 잘 굴러가는 모양은? → (⬛ , 🛢 , ⚪)

✔ 쌓을 수 없는 모양은? → (⬛ , 🛢 , ⚪)

★ 구해야 할 것은?

→ _____

풀이 과정

❶ 설명하는 모양은?

잘 굴러가고 쌓을 수 없는 모양은 (⬛ , 🛢 , ⚪) 모양입니다.

❷ 위 ❶에서 답한 모양과 같은 모양의 물건은?

(⬛ , 🛢 , ⚪) 모양의 물건을 모두 찾아 기호를 쓰면

☐ , ☐ 입니다.

답 _____

문제가 어려웠나요?
☐ 어려워요!
☐ 적당해요 ^_^
☐ 쉬워요 >o<

공통으로 있는 모양 찾기

2 ⬛, ⬤, 🔵 모양 중에서 /

㉮와 ㉯에 공통으로 있는 모양을 찾아 / ○표 하세요.

★ 구해야 할 것

문제 돋보기

✔ 먼저 알아보아야 하는 것은?

→ 물건들이 ⬛, ⬤, 🔵 모양 중에서 어떤 모양인지 알아봅니다.

★ 구해야 할 것은?

→ ㉮와 ㉯에 공통으로 있는 모양

풀이 과정

❶ ㉮ 물건의 모양은?

▭와 BUTTER는 (⬛ , ⬤ , 🔵) 모양이고,

▭은 (⬛ , ⬤ , 🔵) 모양입니다.

❷ ㉯ 물건의 모양은?

⬤와 ●은 (⬛ , ⬤ , 🔵) 모양이고,

▯은 (⬛ , ⬤ , 🔵) 모양입니다.

❸ ㉮와 ㉯에 공통으로 있는 모양은?

㉮에도 있고 ㉯에도 있는 모양은 (⬛ , ⬤ , 🔵) 모양입니다.

답 (⬛ , ⬤ , 🔵)

정답과 해설 9쪽

 왼쪽 ❷번과 같이 문제에 색칠하고 밑줄을 그어 가며 문제를 풀어 보세요.

2-1 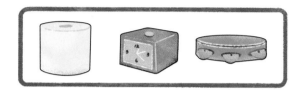 모양 중에서 / 양쪽에 공통으로 있는 모양을 찾아 / ○표 하세요.

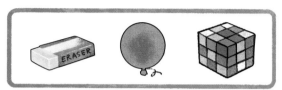

문제 돋보기

✔ 먼저 알아보아야 하는 것은?

→ 물건들이 ⬜, ⬛, ⚪ 모양 중에서 어떤 모양인지 알아봅니다.

★ 구해야 할 것은?

→ _____

풀이 과정

❶ ⬜에 있는 물건의 모양은?

🧻 와 👓 은 (⬜ , ⬛ , ⚪) 모양이고,

🎲 는 (⬜ , ⬛ , ⚪) 모양입니다.

❷ ⬜에 있는 물건의 모양은?

🧽 와 🧊 는 (⬜ , ⬛ , ⚪) 모양이고,

🎈 은 (⬜ , ⬛ , ⚪) 모양입니다.

❸ 양쪽에 공통으로 있는 모양은?

⬜에도 있고 ⬜에도 있는 모양은

(⬜ , ⬛ , ⚪) 모양입니다.

답 (⬜ , ⬛ , ⚪)

문제가 어려웠나요?
☐ 어려워요!
☐ 적당해요 ^-^
☐ 쉬워요 >○<

 문제를 읽고 '연습하기'에서 했던 것처럼 밑줄을 그어 가며 문제를 풀어 보세요.

1 설명하는 모양과 같은 모양의 물건을 모두 찾아 기호를 써 보세요.

> • 둥근 부분이 있습니다.
> • 쌓을 수 있습니다.

❶ 설명하는 모양은?

❷ 위 ❶에서 답한 모양과 같은 모양의 물건은?

답 _____

2  모양 중에서 ㉮와 ㉯에 공통으로 있는 모양을 찾아 ◯표 하세요.

❶ ㉮ 물건의 모양은?

❷ ㉯ 물건의 모양은?

❸ ㉮와 ㉯에 공통으로 있는 모양은?

답 (▢ , ▢ , ◯)

3  모양 중에서 ☐에만 있는 모양을 찾아 ○표 하세요.

❶ ☐에 있는 물건의 모양은?

❷ ☐에 있는 물건의 모양은?

❸ ☐에만 있는 모양은?

답 (▨ , ▩ , ●)

4 굴러갈 수 있는 모양의 물건을 모두 찾아 기호를 써 보세요.

❶ 굴러갈 수 있는 모양은?

❷ 굴러갈 수 있는 모양의 물건은?

답 _____

1

규칙에 따라 ⬜, 🥫, ⚪ 모양을 늘어놓고 있습니다. /

13째에는 어떤 모양이 놓이는지 /

알맞은 모양을 찾아 ○표 하세요. ★ 구해야 할 것

🥫 ⚪ ⬜ 🥫 ⚪ ⬜ 🥫 ⚪ ⬜ 🥫 ……

문제 돋보기

✔ 놓이는 모양의 순서는?

→ 첫째에는 🥫 모양, 둘째에는 (⬜ , 🥫 , ⚪) 모양,

셋째에는 (⬜ , 🥫 , ⚪) 모양이 놓입니다.

★ 구해야 할 것은?

→ _____ 13째에 놓이는 모양 _____

풀이 과정

❶ 모양을 늘어놓은 규칙은?

☐ , ☐ , ☐ 모양이 반복되는 규칙입니다.

❷ 13째에 놓이는 모양은?

10째에 🥫 모양이 놓여 있으므로 11째에는 ☐ 모양,

12째에는 ☐ 모양, 13째에는 ☐ 모양이 놓이게 됩니다.

답 (⬜ , 🥫 , ⚪)

정답과 해설 10쪽

왼쪽 ❶번과 같이 문제에 색칠하고 밑줄을 그어 가며 문제를 풀어 보세요.

1-1 규칙에 따라 ⬛, ⬛, ⚫ 모양을 늘어놓고 있습니다. / 16째에는 어떤 모양이 놓이는지 / 알맞은 모양을 찾아 ○표 하세요.

⚫ ⬛ ⬛ ⚫ ⚫ ⬛ ⬛ ⚫ ⚫ ⬛ ⬛ ⚫ ......

문제 돋보기

✓ 놓이는 모양의 순서는?

→ 첫째에는 ⚫ 모양, 둘째에는 (⬛ , ⬛ , ⚫) 모양,

셋째에는 (⬛ , ⬛ , ⚫) 모양,

넷째에는 (⬛ , ⬛ , ⚫) 모양이 놓입니다.

★ 구해야 할 것은?

→ _____

풀이 과정

❶ 모양을 늘어놓은 규칙은?

☐ , ☐ , ☐ , ☐ 모양이 반복되는 규칙입니다.

❷ 16째에 놓이는 모양은?

12째에 ⚫ 모양이 놓여 있으므로 13째에는 ☐ ,

14째에는 ☐ , 15째에는 ☐ , 16째에는 ☐

모양이 놓이게 됩니다.

답 (⬛ , ⬛ , ⚫)

문제가 어려웠나요?

☐ 어려워요!

☐ 적당해요 ^_^

☐ 쉬워요 >o<

2 수영이는 가지고 있던

☐, ⬭, ⚫ 모양을 사용하여 /

오른쪽과 같이 만들었더니 /

⬭, ⚫ 모양이 각각 1개씩 남았습니다. /

수영이가 처음에 가지고 있던 ☐, ⬭, ⚫ 모양은 / 각각 몇 개인가요?

　　　　└─→ ★ 구해야 할 것

**문제
돋보기**

✔ 만들고 남은 모양의 개수는?

→ ⬭ 모양: ☐ 개, ⚫ 모양: ☐ 개

★ 구해야 할 것은?

→ ＿＿＿＿＿＿＿＿＿＿＿＿＿＿＿＿＿＿＿＿＿＿＿＿
　　　　처음에 가지고 있던 ☐, ⬭, ⚫ 모양의 수

**풀이
과정**

❶ 만드는 데 사용한 ☐, ⬭, ⚫ 모양의 수는?

☐ 모양: ☐ 개, ⬭ 모양: ☐ 개, ⚫ 모양: ☐ 개

❷ 처음에 가지고 있던 ☐, ⬭, ⚫ 모양의 수는?

남은 ⬭, ⚫ 모양이 각각 ☐ 개입니다.

⇨ ☐ 모양: ☐ 개, ⬭ 모양: ☐ 개, ⚫ 모양: ☐ 개

❸ 답 ☐ 모양: ＿＿＿＿＿, ⬭ 모양: ＿＿＿＿＿, ⚫ 모양: ＿＿＿＿＿

정답과 해설 10쪽

💡 왼쪽 ❷번과 같이 문제에 색칠하고 밑줄을 그어 가며 문제를 풀어 보세요.

2-1 지우는 가지고 있는 ▱, ⬭, ⬤ 모양을
사용하여 / 오른쪽과 같이 만들려고 했더니 /
▱, ⬤ 모양이 각각 1개씩 부족했습니다. /
지우가 가지고 있는 ▱, ⬭, ⬤ 모양은 /
각각 몇 개인가요?

문제 돋보기

✔ 만들려면 부족한 모양의 개수는?

→ ▱ 모양: ☐ 개, ⬤ 모양: ☐ 개

★ 구해야 할 것은?

→ _____

풀이 과정

❶ 만드는 데 필요한 ▱, ⬭, ⬤ 모양의 수는?

▱ 모양: ☐ 개, ⬭ 모양: ☐ 개, ⬤ 모양: ☐ 개

❷ 가지고 있는 ▱, ⬭, ⬤ 모양의 수는?

부족한 ▱, ⬤ 모양이 각각 ☐ 개입니다.

⇨ ▱ 모양: ☐ 개, ⬭ 모양: ☐ 개, ⬤ 모양: ☐ 개

답 ▱ 모양: _____ , ⬭ 모양: _____ ,

⬤ 모양: _____

문제가 어려웠나요?
☐ 어려워요!
☐ 적당해요 ^_^
☐ 쉬워요 >o<

47

💡 문제를 읽고 '연습하기'에서 했던 것처럼 밑줄을 그어 가며 문제를 풀어 보세요.

1 규칙에 따라 ⬜, ⬛, ⚪ 모양을 늘어놓고 있습니다. 15째에는 어떤 모양이 놓이는지 알맞은 모양을 찾아 ⚪표 하세요.

⚪ ⬛ ⬜ ⚪ ⬛ ⬜ ⚪ ⬛ ⬜ ⚪ ......

❶ 모양을 늘어놓은 규칙은?

❷ 15째에 놓이는 모양은?

답 (⬜ , ⬛ , ⚪)

2 선재는 가지고 있던 ⬜, ⬛, ⚪ 모양을 사용하여

오른쪽과 같이 만들었더니 ⬜, ⬛ 모양이 각각 1개씩

남았습니다. 선재가 처음에 가지고 있던 ⬜, ⬛, ⚪

모양은 각각 몇 개인가요?

❶ 만드는 데 사용한 ⬜, ⬛, ⚪ 모양의 수는?

❷ 처음에 가지고 있던 ⬜, ⬛, ⚪ 모양의 수는?

답 ⬜ 모양: _____ , ⬛ 모양: _____ , ⚪ 모양: _____

정답과 해설 11쪽

3 규칙에 따라 ⬛, 🛢, ⚪ 모양을 늘어놓고 있습니다. 14째와 17째에는 각각 어떤 모양이 놓이는지 알맞은 모양을 찾아 ◯표 하세요.

🛢 ⚪ ⬛ ⚪ 🛢 ⚪ ⬛ ⚪ 🛢 ⚪ ⬛ ⚪ ······

❶ 모양을 늘어놓은 규칙은?

❷ 14째와 17째에 놓이는 모양은?

🔳 답 14째: (⬛ , 🛢 , ⚪), 17째: (⬛ , 🛢 , ⚪)

4 수빈이는 가지고 있는 ⬛, 🛢, ⚪ 모양을 사용하여

오른쪽과 같이 만들려고 했더니 🛢 모양이 1개 부족하고

⚪ 모양이 1개 남는다고 합니다. 수빈이가 가지고 있는

⬛, 🛢, ⚪ 모양은 각각 몇 개인가요?

❶ 만드는 데 필요한 ⬛, 🛢, ⚪ 모양의 수는?

❷ 가지고 있는 ⬛, 🛢, ⚪ 모양의 수는?

🔳 답 ⬛ 모양: _____, 🛢 모양: _____, ⚪ 모양: _____

38쪽 설명하는 모양의 물건 찾기

1 설명하는 모양과 같은 모양의 물건은 모두 몇 개인지 구해 보세요.

> • 뾰족한 부분이 없습니다.
> • 평평한 부분이 없습니다.

풀이

답 _____

44쪽 규칙에 따라 알맞은 모양 찾기

2 규칙에 따라  모양을 늘어놓고 있습니다.
㉠에는 어떤 모양이 놓이는지 알맞은 모양을 찾아 ◯표 하세요.

풀이

답

40쪽 공통으로 있는 모양 찾기

3 ⬛, ⬤, ⚫ 모양 중에서 ㉮와 ㉯에 공통으로 있는 모양을 모두 찾아 ◯표 하세요.

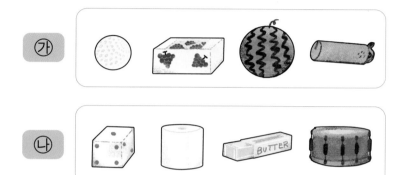

풀이

답 (⬛ , ⬤ , ⚫)

44쪽 규칙에 따라 알맞은 모양 찾기

4 규칙에 따라 ⬛, ⬤, ⚫ 모양을 늘어놓고 있습니다. 15째와 16째에는 각각 어떤 모양이 놓이는지 알맞은 모양을 찾아 ◯표 하세요.

풀이

답 15째: (⬛ , ⬤ , ⚫)

16째: (⬛ , ⬤ , ◯)

38쪽 설명하는 모양의 물건 찾기

5 한쪽 방향으로만 잘 굴러가는 모양의 물건을 모두 찾아 기호를 써 보세요.

ㄱ   ㄴ   ㄷ   ㄹ

ㅁ   ㅂ   ㅅ   ㅇ

풀이

답 _____

46쪽 처음에 가지고 있던 모양의 수 구하기

6 종민이는 가지고 있는 , , 모양을 사용하여 다음과 같이

만들려고 했더니 ▨, ▨ 모양이 각각 1개씩 부족했습니다.

종민이가 가지고 있는 ▨, ▨, ● 모양은 각각 몇 개인가요?

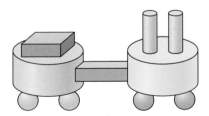

풀이

답 ▨ 모양: _____, ▨ 모양: _____, ● 모양: _____

정답과 해설 12쪽

46쪽 처음에 가지고 있던 모양의 수 구하기

7 재하는 가지고 있는 ⬛, 🔲, ⚫ 모양을

사용하여 오른쪽과 같이 만들려고 했더니 🔲

모양이 1개 남고, ⚫ 모양이 1개 부족했습니다.

재하가 가지고 있는 ⬛, 🔲, ⚫ 모양은 각각 몇 개인가요?

풀이

답 ⬛ 모양: _____ , 🔲 모양: _____ , ⚫ 모양: _____

44쪽 규칙에 따라 알맞은 모양 찾기

도전문제 **8**

규칙에 따라 ⬛, 🔲, ⚫ 모양을 늘어놓고 있습니다.

18째까지 놓을 때 🔲 모양은 모두 몇 개인가요?

❶ 모양을 늘어놓은 규칙은?

❷ 18째까지 놓이는 모양은?

❸ 18째까지 놓을 때 🔲 모양의 수는?

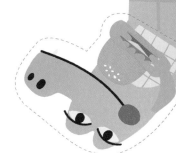

답 _____

3 덧셈과 뺄셈

내가 입은 옷을
색칠하여 꾸며 봐!

8일

· 조건에 맞게
  수 가르기
· 똑같은 두 수로
  가르기

9일

· 가장 큰 수와 가장 작은 수의
  차 구하기
· 덧셈, 뺄셈하고 크기 비교하기

10일

· 합이 가장 큰(작은)
  덧셈식 만들기 /
  차가 가장 큰(작은)
  뺄셈식 만들기
· 더한(뺀) 수 구하기

11일

· 주고 받은 후의 수
  구하기
· 처음의 수 구하기

12일

· 덧셈과 뺄셈
· 합, 차가 주어졌을 때
  두 수 구하기

13일

단원 마무리

함께 이야기해요!

요리를 만들며 빈칸에 알맞은 수나 기호를 써 보세요.

흰색 달걀이 8개, 갈색 달걀이 3개 있네.

$\boxed{}\ \bigcirc\ \boxed{} = \boxed{}$ (개)이므로

흰색 달걀이 갈색 달걀보다 $\boxed{}$ 개 더 많아.

사과 주스가 2병, 물이 3병 있네.

2와 3을 모으기 하면 $\boxed{}$ 야.

* RECIPE *

도넛 만들기

준비물
별사탕 2개
초콜릿 5개
밀가루, 달걀 4개

정답과 해설 13쪽

왼쪽 나무에 오렌지가 7개,
오른쪽 나무에 오렌지가 O개 있어.
오렌지는 모두

$$\boxed{}\,\bigcirc\,\boxed{} = \boxed{}\,(개)야.$$

1

영진이와 주호는 /

구슬 5개를 나누어 가지려고 합니다. /

나누어 가지는 방법은 /

모두 몇 가지인지 구해 보세요. /

└──→ 구해야 할 것

(단, 구슬을 각각 적어도 1개는 가집니다.)

문제 돋보기

✔ 구슬을 나누어 가질 사람 수는? → ☐ 명

✔ 나누어 가질 구슬 수는? → ☐ 개

★ 구해야 할 것은?

→ ＿＿＿＿＿ 구슬을 나누어 가지는 방법의 수 ＿＿＿＿＿

풀이 과정

❶ 5를 가르기 하면?

5는 1과 ☐ , 2와 ☐ , 3과 ☐ , 4와 ☐ (으)로 가르기 할 수

있습니다. ──→ 구슬을 각각 적어도 1개는 가지므로 0과 5, 5와 0으로 가르기 하는 것은 생각하지 않습니다.

❷ 구슬을 나누어 가지는 방법은 모두 몇 가지?

5를 가르기 하는 방법은 모두 ☐ 가지이므로

구슬 5개를 나누어 가지는 방법은 모두 ☐ 가지입니다.

답 ＿＿＿＿＿＿＿＿＿

왼쪽 **❶**번과 같이 문제에 색칠하고 밑줄을 그어 가며 문제를 풀어 보세요.

1-1 모양이 다른 바구니 2개에 / 귤 7개를 나누어 담으려고 합니다. / 나누어 담는 방법은 / 모두 몇 가지인지 구해 보세요. / (단, 귤을 각각 적어도 1개는 담습니다.)

문제 돋보기

✔ 귤을 나누어 담을 바구니 수는? → ☐ 개

✔ 나누어 담을 귤의 수는? → ☐ 개

★ 구해야 할 것은?

→ _____

풀이 과정

❶ 7을 가르기 하면?

7은 1과 ☐, 2와 ☐, 3과 ☐, 4와 ☐, 5와 ☐,

6과 ☐ (으)로 가르기 할 수 있습니다.

❷ 귤을 나누어 담는 방법은 모두 몇 가지?

7을 가르기 하는 방법은 모두 ☐ 가지이므로

귤 7개를 나누어 담는 방법은 모두 ☐ 가지입니다.

❸ 답 _____

문제가 어려웠나요?

☐ 어려워요!

☐ 적당해요 ^_^

☐ 쉬워요 >o<

2

딸기 맛 사탕이 4개, / 포도 맛 사탕이 2개 있습니다. /
사탕을 상자 2개에 / 똑같이 나누어 담으려면 /
각 상자에 / 사탕을 몇 개씩 담아야 하나요?

└─★ 구해야 할 것

문제 돋보기

✓ 사탕 수는? → 딸기 맛 사탕: ☐ 개, 포도 맛 사탕: ☐ 개

✓ 사탕을 상자 2개에 │ 똑같이 │ 나누어 담으려고 합니다.

★ 구해야 할 것은?

→ ___각 상자에 담아야 하는 사탕 수___

풀이 과정

❶ 사탕 수를 모으기 하면?

[4]   [2]
↘   ↙
[☐]

❷ 위 ❶에서 모으기 한 수를 똑같은 두 수로
가르기 하면?

[☐]
↙   ↘
[☐]   [☐]

❸ 각 상자에 담아야 하는 사탕 수는?

위 ❷에서 가르기 한 수가 ☐ 와(과) ☐ 이므로

각 상자에 사탕을 ☐ 개씩 담아야 합니다.

답 _____

60

정답과 해설 14쪽

왼쪽 ❷번과 같이 문제에 색칠하고 밑줄을 그어 가며 문제를 풀어 보세요.

2-1

종민이와 지아가 투호 놀이를 하고 있습니다. / 화살을 종민이는 3개, / 지아는 5개 가지고 있습니다. / 종민이와 지아의 화살 수가 같아지려면 / 지아는 종민이에게 / 화살을 몇 개 주어야 하나요?

문제 돋보기

✔ 종민이와 지아가 가지고 있는 화살 수는?

→ 종민: ☐ 개, 지아: ☐ 개

✔ 종민이와 지아의 화살 수를 ☐ 만들려고 합니다.

★ 구해야 할 것은?

→ _____

풀이 과정

❶ 종민이와 지아의 화살 수를 모으기 하면?

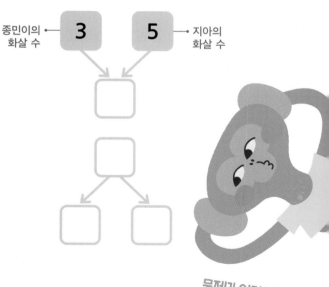

종민이의 화살 수 **3**   **5** 지아의 화살 수

❷ 위 ❶에서 모으기 한 수를 똑같은 두 수로 가르기 하면?

❸ 지아가 종민이에게 주어야 하는 화살 수는?

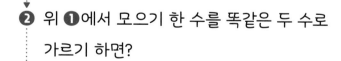

☐ ◯ ☐ = ☐ (개)

└→ 지아의 화살 수

답 _____

문제가 어려웠나요?

☐ 어려워요!

☐ 적당해요 ^_^

☐ 쉬워요 >o<

 문제를 읽고 '연습하기'에서 했던 것처럼 밑줄을 그어 가며 문제를 풀어 보세요.

1 채현이와 선우는 색종이 4장을 나누어 가지려고 합니다. 나누어 가지는 방법은 모두 몇 가지인지 구해 보세요. (단, 색종이를 각각 적어도 1장은 가집니다.)

❶ 4를 가르기 하면?

❷ 색종이를 나누어 가지는 방법은 모두 몇 가지?

답 _____

2 빨간색 팽이가 1개, 파란색 팽이가 3개 있습니다. 주머니 2개에 팽이를 똑같이 나누어 담으려고 합니다. 각 주머니에 팽이를 몇 개씩 담아야 하나요?

❶ 팽이 수를 모으기 하면?

❷ 위 ❶에서 모으기 한 수를 똑같은 두 수로 가르기 하면?

❸ 각 주머니에 담아야 하는 팽이 수는?

답 _____

3 오른쪽 두 상자에 구슬 8개를 나누어 담으려고 합니다.
나누어 담는 방법은 모두 몇 가지인지 구해 보세요.
(단, 구슬을 각각 적어도 1개는 담습니다.)

❶ 8을 가르기 하면?

❷ 구슬을 나누어 담는 방법은 모두 몇 가지?

답 _____

4 쿠키를 선재는 2개, 현빈이는 6개 가지고 있습니다. 선재와 현빈이의 쿠키 수가
같아지려면 현빈이는 선재에게 쿠키를 몇 개 주어야 하나요?

❶ 선재와 현빈이의 쿠키 수를 모으기 하면?

❷ 위 ❶에서 모으기 한 수를 똑같은 두 수로 가르기 하면?

❸ 현빈이가 선재에게 주어야 하는 쿠키 수는?

답 _____

1

메뚜기, 참새, 거미의 다리 수를 / 각각 세어 보니 /
메뚜기는 6개, 참새는 2개, 거미는 8개입니다. /
다리가 가장 많은 동물은 /
가장 적은 동물보다 / 다리가 몇 개 더 많나요?

└→ ★ 구해야 할 것

문제 돋보기

✓ 메뚜기, 참새, 거미의 다리 수는?

→ 메뚜기: ☐ 개, 참새: ☐ 개, 거미: ☐ 개

★ 구해야 할 것은?

→ <u>다리가 가장 많은 동물과 가장 적은 동물의 다리 수의 차</u>

풀이 과정

❶ 다리 수를 비교하면?

6, 2, 8을 큰 수부터 차례대로 쓰면 ☐, ☐, ☐ 입니다.
└→ 메뚜기, 참새, 거미의 다리 수

❷ 다리가 가장 많은 동물은 가장 적은 동물보다 다리가 몇 개 더 많은지
구하면?
(다리가 가장 많은 동물의 다리 수) ― (다리가 가장 적은 동물의 다리 수)
= ☐ ◯ ☐ = ☐ (개)

❸ 답 _____

💡 왼쪽 ❶번과 같이 문제에 색칠하고 밑줄을 그어 가며 문제를 풀어 보세요.

1-1

상자 안에 들어 있는 / 색깔별 구슬의 수입니다. / 가장 많은 구슬은 /
가장 적은 구슬보다 몇 개 더 많나요?

빨간색	노란색	초록색
4개	9개	7개

문제 돋보기

✔ 빨간색, 노란색, 초록색 구슬의 수는?

→ 빨간색: ☐ 개, 노란색: ☐ 개, 초록색: ☐ 개

★ 구해야 할 것은?

→ _____

풀이 과정

❶ 구슬 수를 비교하면?
4, 9, 7을 큰 수부터 차례대로 쓰면
☐ , ☐ , ☐ 입니다.

❷ 가장 많은 구슬은 가장 적은 구슬보다 몇 개 더 많은지 구하면?
(가장 많은 구슬의 수) − (가장 적은 구슬의 수)
= ☐ ◯ ☐ = ☐ (개)

문제가 어려웠나요?

☐ 어려워요!

☐ 적당해요 ^-^

☐ 쉬워요 >o<

답 _____

덧셈, 뺄셈하고 크기 비교하기

2 현지와 윤서가 과녁 맞히기 놀이를 했습니다. /
점수를 더 많이 얻은 사람은 누구인가요?

└→ ★ 구해야 할 것

1점과 6점을
맞혔어.

현지

난 3점과 5점을
맞혔지.

윤서

문제 돋보기

✔ 현지가 맞힌 점수는? → ☐ 점, ☐ 점

✔ 윤서가 맞힌 점수는? → ☐ 점, ☐ 점

★ 구해야 할 것은?

→ _____ 점수를 더 많이 얻은 사람 _____

풀이 과정

❶ 현지가 얻은 점수는? ☐ ○ ☐ = ☐ (점)

❷ 윤서가 얻은 점수는? ☐ ○ ☐ = ☐ (점)

❸ 점수를 더 많이 얻은 사람은?

현지와 윤서가 얻은 점수를 비교하면 ☐ < ☐ 이므로

점수를 더 많이 얻은 사람은 ☐ 입니다.

답 _____

정답과 해설 15쪽

왼쪽 ❷번과 같이 문제에 색칠하고 밑줄을 그어 가며 문제를 풀어 보세요.

2-1 진석이는 형과 연필 9자루를 나누어 가졌습니다. / 진석이가 가진 연필은 4자루입니다. / 진석이와 형 중에서 / 연필을 더 많이 가진 사람은 누구인가요?

문제 돋보기

✓ 진석이가 형과 나누어 가진 연필 수는? → ☐ 자루

✓ 진석이가 가진 연필 수는? → ☐ 자루

★ 구해야 할 것은?

→ _____

풀이 과정

❶ 형이 가진 연필 수는?

☐ ◯ ☐ = ☐ (자루)

전체 연필 수 ⌐   ⌐ 진석이가 가진 연필 수

❷ 연필을 더 많이 가진 사람은?

진석이와 형이 가진 연필 수를 비교하면 ☐ < ☐ 이므로

연필을 더 많이 가진 사람은 ☐ 입니다.

문제가 어려웠나요?

☐ 어려워요!

☐ 적당해요 ^_^

☐ 쉬워요 >o<

❸ 답 _____

 문제를 읽고 '연습하기'에서 했던 것처럼 밑줄을 그어 가며 문제를 풀어 보세요.

1 초코 맛 아이스크림이 5개, 딸기 맛 아이스크림이 8개, 우유 맛 아이스크림이 4개 있습니다. 가장 많은 아이스크림은 가장 적은 아이스크림보다 몇 개 더 많나요?

❶ 아이스크림 수를 비교하면?

❷ 가장 많은 아이스크림은 가장 적은 아이스크림보다 몇 개 더 많은지 구하면?

답 _____

2 왼쪽 주머니에는 빨간색 공깃돌 2개와 파란색 공깃돌 7개가 들어 있습니다.
오른쪽 주머니에는 빨간색 공깃돌 7개와 파란색 공깃돌 2개가 들어 있습니다.
두 주머니에 들어 있는 공깃돌 수를 비교해 보세요.

❶ 왼쪽 주머니에 들어 있는 공깃돌 수는?

❷ 오른쪽 주머니에 들어 있는 공깃돌 수는?

❸ 두 주머니에 들어 있는 공깃돌 수를 비교하면?

답 _____

정답과 해설 16쪽

3 재호가 가지고 있는 색종이는 파란색 6장, 빨간색 2장, 주황색 7장, 노란색 9장입니다. 가장 많은 색종이는 가장 적은 색종이보다 몇 장 더 많나요?

❶ 색종이 수를 비교하면?

❷ 가장 많은 색종이는 가장 적은 색종이보다 몇 장 더 많은지 구하면?

답 _____

4 가인이와 성호는 주사위 2개를 동시에 던져 나온 눈의 수의 합이 더 큰 사람이 이기는 놀이를 했습니다. 놀이에서 이긴 사람은 누구인가요?

가인    성호

❶ 가인이가 던져 나온 눈의 수의 합은?

❷ 성호가 던져 나온 눈의 수의 합은?

❸ 놀이에서 이긴 사람은?

답 _____

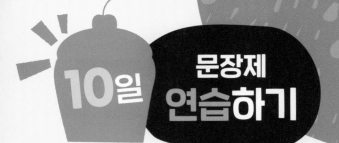
1

4장의 수 카드 3 , 4 , 1 , 5 중에서 / 2장을 골라 /

합이 가장 큰 덧셈식을 만들었을 때, /

합을 구해 보세요.

└─★ 구해야 할 것

문제
돋보기

✔ 골라야 하는 수 카드의 수는? → ▢ 장

✔ 합이 가장 큰 덧셈식을 만들려면?

→ 되도록 (큰 , 작은) 수끼리 더해야 합니다.
　　　　└─• 알맞은 말에 ○표 하기

★ 구해야 할 것은?

→ _____합이 가장 큰 덧셈식의 합_____

풀이
과정

❶ 합이 가장 크려면?

가장 (큰 , 작은) 수와 둘째로 (큰 , 작은) 수를 더합니다.

❷ 합이 가장 큰 덧셈식을 만들어 합을 구하면?

수 카드의 수를 큰 수부터 차례대로 쓰면

▢ , ▢ , ▢ , ▢ 입니다.

따라서 합이 가장 큰 덧셈식을 만들어 합을 구하면

▢ ◯ ▢ = ▢ 입니다.
└─• 가장 큰 수　└─• 둘째로 큰 수

답 _____

70

왼쪽 **①**번과 같이 문제에 색칠하고 밑줄을 그어 가며 문제를 풀어 보세요.

1-1 4장의 수 카드 8 , 7 , 2 , 4 중에서 / 2장을 골라 /

차가 가장 큰 뺄셈식을 만들었을 때, / 차를 구해 보세요.

문제 돋보기

✔ 골라야 하는 수 카드의 수는? → ☐ 장

✔ 차가 가장 큰 뺄셈식을 만들려면?

　→ 되도록 (큰 , 작은) 수에서 되도록 (큰 , 작은) 수를 빼야 합니다.

★ 구해야 할 것은?

　→ _____

풀이 과정

① 차가 가장 크려면?

　가장 (큰 , 작은) 수에서 가장 (큰 , 작은) 수를 뺍니다.

② 차가 가장 큰 뺄셈식을 만들어 차를 구하면?

　수 카드의 수를 큰 수부터 차례대로 쓰면

　☐ , ☐ , ☐ , ☐ 입니다.

　따라서 차가 가장 큰 뺄셈식을 만들어 차를 구하면

　☐ ◯ ☐ = ☐ 입니다.

답 _____

문제가 어려웠나요?

☐ 어려워요!

☐ 적당해요 ^-^

☐ 쉬워요 >o<

더한(뺀) 수 구하기

2

놀이터에 남자 어린이 4명과 /
여자 어린이 4명이 있었습니다. /
그중에서 몇 명이 집으로 가고 나니 /
놀이터에 5명이 남았습니다. /
집으로 간 어린이는 몇 명인가요?

└→ 구해야 할 것

문제 돋보기

✔ 놀이터에 있던 어린이 수는?

→ 남자 어린이: ☐ 명, 여자 어린이: ☐ 명

✔ 몇 명이 집으로 가고 나서 놀이터에 남은 어린이 수는? → ☐ 명

★ 구해야 할 것은?

→ <u>　　　　　　　집으로 간 어린이 수　　　　　　　</u>

풀이 과정

❶ 놀이터에 있던 어린이 수는?

☐ 〇 ☐ = ☐ (명)

남자 어린이 수 ──┘　　└── 여자 어린이 수

❷ 집으로 간 어린이 수는?

(놀이터에 있던 어린이 수) − (집으로 간 어린이 수) = (남은 어린이 수)

이므로 ☐ − (집으로 간 어린이 수) = 5입니다.

└→ 놀이터에 있던 어린이 수

☐ − ☐ = 5이므로 집으로 간 어린이는 ☐ 명입니다.

답 _____

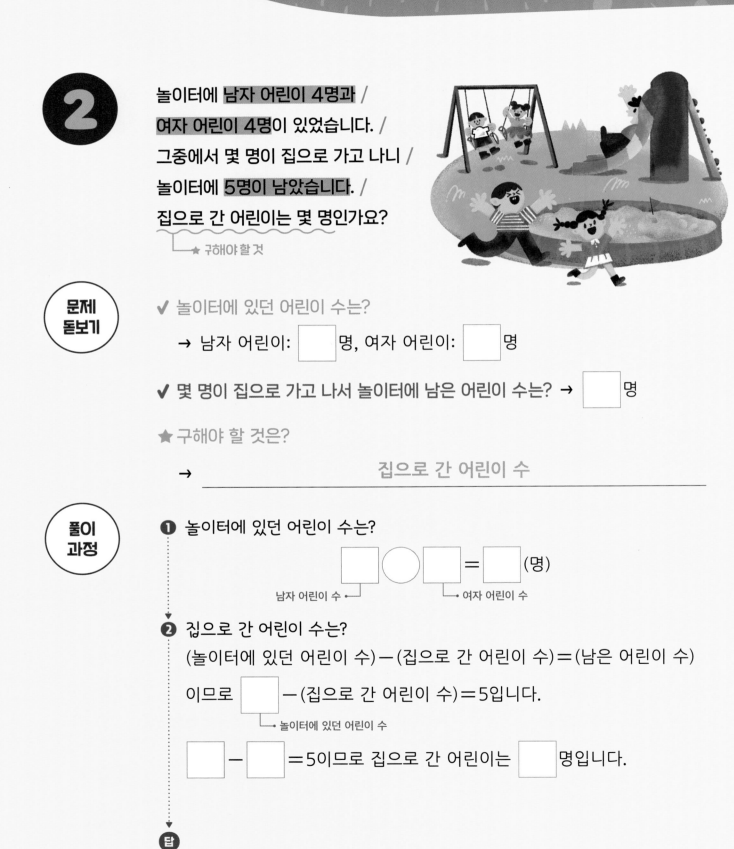

정답과 해설 17쪽

왼쪽 **2**번과 같이 문제에 색칠하고 밑줄을 그어 가며 문제를 풀어 보세요.

2-1 자두가 접시에 3개, / 냉장고에 4개 있었습니다. / 재성이가 그중에서
몇 개를 먹었더니 / 2개가 남았습니다. / 재성이가 먹은 자두는 몇 개인가요?

문제 돋보기

✔ 접시와 냉장고에 있던 자두 수는?

→ 접시: ☐ 개, 냉장고: ☐ 개

✔ 몇 개를 먹고 나서 남은 자두 수는? → ☐ 개

★ 구해야 할 것은?

→ _____

풀이 과정

❶ 전체 자두 수는?

☐ ◯ ☐ = ☐ (개)

❷ 재성이가 먹은 자두 수는?

(전체 자두 수) － (먹은 자두 수) ＝ (남은 자두 수)이므로

☐ － (먹은 자두 수) ＝ 2입니다.

☐ － ☐ ＝ 2이므로 재성이가 먹은 자두는 ☐ 개입니다.

문제가 어려웠나요?

☐ 어려워요!
☐ 적당해요 ^-^
☐ 쉬워요 >o<

답 _____

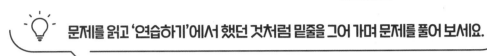

◆ 합이 가장 큰(작은) 덧셈식 만들기 /
차가 가장 큰(작은) 뺄셈식 만들기
◆ 더한(뺀) 수 구하기

💡 문제를 읽고 '연습하기'에서 했던 것처럼 밑줄을 그어 가며 문제를 풀어 보세요.

1 4장의 수 카드 1 , 3 , 6 , 2 중에서 2장을 골라 합이 가장 큰 덧셈식을 만들었을 때, 합을 구해 보세요.

❶ 합이 가장 크려면?

❷ 합이 가장 큰 덧셈식을 만들어 합을 구하면?

답 _____

2 흰색 바둑돌 1개와 검은색 바둑돌 4개가 있었습니다. 그중에서 몇 개를 통에 담았더니 3개가 남았습니다. 통에 담은 바둑돌은 몇 개인가요?

❶ 전체 바둑돌 수는?

❷ 통에 담은 바둑돌 수는?

답 _____

정답과 해설 17쪽

3 5장의 수 카드 [4], [7], [9], [1], [3] 중에서 2장을 골라 차가 가장 큰

뺄셈식을 만들었을 때, 차를 구해 보세요.

❶ 차가 가장 크려면?

❷ 차가 가장 큰 뺄셈식을 만들어 차를 구하면?

답 _____

4 빨간색 풍선 3개와 파란색 풍선 6개가 있었습니다. 그중에서 몇 개가 터지고

7개가 남았습니다. 터진 풍선은 몇 개인가요?

❶ 전체 풍선 수는?

❷ 터진 풍선 수는?

답 _____

주고 받은 후의 수 구하기

1 토마토를 윤하는 9개, / 석재는 4개 땄습니다. /
윤하가 석재에게 토마토를 2개 주었습니다. /
윤하와 석재는 / 토마토를 각각 몇 개 가지게
되나요?
└─ ★ 구해야 할 것

문제 돋보기

✔ 윤하와 석재가 딴 토마토 수는?

→ 윤하: ☐ 개, 석재: ☐ 개

✔ 윤하가 석재에게 준 토마토 수는? → ☐ 개

★ 구해야 할 것은?

→ _____윤하와 석재가 각각 가지게 되는 토마토 수_____

풀이 과정

❶ 윤하가 가지게 되는 토마토 수는?

☐ ◯ ☐ = ☐ (개)

윤하가 딴 토마토 수 ┘   └ 윤하가 석재에게 준 토마토 수

❷ 석재가 가지게 되는 토마토 수는?

☐ ◯ ☐ = ☐ (개)

석재가 딴 토마토 수 ┘   └ 석재가 윤하에게 받은 토마토 수

답 윤하: _____ , 석재: _____

76

정답과 해설 18쪽

💡 왼쪽 ❶번과 같이 문제에 색칠하고 밑줄을 그어 가며 문제를 풀어 보세요.

1-1 딱지를 지석이는 3장, / 민중이는 6장 가지고 있었습니다. /
민중이가 지석이에게 딱지를 1장 주었습니다. / 지석이와 민중이는 /
딱지를 각각 몇 장 가지게 되나요?

문제 돋보기

✔ 지석이와 민중이가 가지고 있던 딱지 수는?

→ 지석: ☐ 장, 민중: ☐ 장

✔ 민중이가 지석이에게 준 딱지 수는? → ☐ 장

★ 구해야 할 것은?

→ _____

풀이 과정

❶ 지석이가 가지게 되는 딱지 수는?

☐ ◯ ☐ = ☐ (장)

❷ 민중이가 가지게 되는 딱지 수는?

☐ ◯ ☐ = ☐ (장)

문제가 어려웠나요?

☐ 어려워요!

☐ 적당해요 ^-^

☐ 쉬워요 >o<

탑 지석: _____ , 민중: _____

처음의 수 구하기

2 코끼리 열차에 몇 명이 타고 있었는데 /
회전목마 앞에서 **6명이 내리고** /
7명이 탔습니다. /
지금 코끼리 열차에 / **타고 있는 사람이 9명**이라면 /
처음 코끼리 열차에 / 타고 있던 사람은 몇 명인가요?
　└→ ★ 구해야 할 것

문제 돋보기

✔ 회전목마 앞에서 내린 사람 수는? → ☐ 명

✔ 회전목마 앞에서 탄 사람 수는? → ☐ 명

✔ 지금 코끼리 열차에 타고 있는 사람 수는? → ☐ 명

★ 구해야 할 것은?

→ 　　　　　처음 코끼리 열차에 타고 있던 사람 수

풀이 과정

❶ 7명이 타기 전의 사람 수는?

　　└→ 지금 타고 있는 사람 수

❷ 처음 코끼리 열차에 타고 있던 사람 수는?

7명이 타기 전의 사람 수 ┘　　　└→ 내린 사람 수

답 _____

정답과 해설 18쪽

💡 왼쪽 ❷번과 같이 문제에 색칠하고 밑줄을 그어 가며 문제를 풀어 보세요.

2-1 지호는 공깃돌 몇 개를 가지고 있었습니다. / 친구에게 2개를 주고, / 형에게 5개를 받았더니 / 8개가 되었습니다. / 지호가 처음에 가지고 있던 공깃돌은 / 몇 개인가요?

문제 돋보기

✔ 친구에게 준 공깃돌 수는? → ☐ 개

✔ 형에게 받은 공깃돌 수는? → ☐ 개

✔ 지금 지호가 가지고 있는 공깃돌 수는? → ☐ 개

★ 구해야 할 것은?

→ _____

풀이 과정

❶ 형에게 공깃돌을 받기 전의 공깃돌 수는?

☐ ◯ ☐ = ☐ (개)

❷ 지호가 처음에 가지고 있던 공깃돌 수는?

☐ ◯ ☐ = ☐ (개)

문제가 어려웠나요?

☐ 어려워요!

☐ 적당해요 ^_^

☐ 쉬워요 >o<

답 _____

 문제를 읽고 '연습하기'에서 했던 것처럼 밑줄을 그어 가며 문제를 풀어 보세요.

1 고구마를 연수와 강준이는 각각 7개씩 캤습니다. 연수가 강준이에게 고구마를 1개 주었습니다. 연수와 강준이는 고구마를 각각 몇 개씩 가지게 되나요?

❶ 연수가 가지게 되는 고구마 수는?

❷ 강준이가 가지게 되는 고구마 수는?

답 연수: _____ , 강준: _____

2 버스에 몇 명이 타고 있었는데 이번 정류장에서 2명이 내리고 6명이 탔습니다. 지금 버스에 타고 있는 사람이 7명이라면 처음 버스에 타고 있던 사람은 몇 명인가요?

❶ 6명이 타기 전의 사람 수는?

❷ 처음 버스에 타고 있던 사람 수는?

답 _____

정답과 해설 19쪽

3 윤하는 구슬 몇 개를 가지고 있었습니다. 언니에게 4개를 받고, 동생에게 1개를 주었더니 7개가 되었습니다. 윤하가 처음에 가지고 있던 구슬은 몇 개인가요?

❶ 동생에게 구슬을 주기 전의 구슬 수는?

❷ 윤하가 처음에 가지고 있던 구슬 수는?

답 _____

4 연필을 재석이는 2자루, 동하는 6자루 가지고 있었습니다. 동하가 재석이에게 연필을 3자루 주었습니다. 재석이와 동하 중 연필을 더 많이 가지게 되는 사람은 누구인가요?

❶ 재석이가 가지게 되는 연필 수는?

❷ 동하가 가지게 되는 연필 수는?

❸ 연필을 더 많이 가지게 되는 사람은?

답 _____

1

공원에 남학생이 3명 있습니다. /

여학생은 남학생보다 1명 더 많습니다. /

공원에 있는 학생은 / 모두 몇 명인가요?

└─→ ★ 구해야 할 것

문제 돋보기

✓ 남학생 수는? → ☐ 명

✓ 여학생 수는?

→ 남학생보다 ☐ 명 더 많습니다.

★ 구해야 할 것은?

→ _____ 공원에 있는 학생 수 _____

풀이 과정

❶ 공원에 있는 여학생은 몇 명?

☐ ◯ ☐ = ☐ (명)

남학생 수 ┘   └ +, − 중 알맞은 것 쓰기

❷ 공원에 있는 학생은 모두 몇 명?

☐ ◯ ☐ = ☐ (명)

남학생 수 ┘   └ 여학생 수

답 _____

정답과 해설 19쪽

 왼쪽 **1**번과 같이 문제에 색칠하고 밑줄을 그어 가며 문제를 풀어 보세요.

1-1 햄스터가 해바라기씨를 아침에 5개 먹었고, / 저녁에는 아침보다 1개 더 적게 먹었습니다. / 햄스터가 아침과 저녁에 먹은 해바라기씨는 / 모두 몇 개인가요?

문제 돋보기

✔ 아침에 먹은 해바라기씨의 수는? → ☐ 개

✔ 저녁에 먹은 해바라기씨의 수는?

→ 아침에 먹은 해바라기씨의 수보다 ☐ 개 더 적습니다.

★ 구해야 할 것은?

→ _____

풀이 과정

❶ 저녁에 먹은 해바라기씨는 몇 개?

☐ ◯ ☐ = ☐ (개)

❷ 아침과 저녁에 먹은 해바라기씨는 모두 몇 개?

☐ ◯ ☐ = ☐ (개)

문제가 어려웠나요?

☐ 어려워요!

☐ 적당해요 ^_^

☐ 쉬워요 >o<

답 _____

합, 차가 주어졌을 때 두 수 구하기

2

혜인이는 꽃병에 장미와 백합을 꽂았습니다. /

장미 수와 백합 수를 더하면 4송이이고, /

장미 수에서 백합 수를 빼면 2송이입니다. /

장미와 백합은 각각 몇 송이인가요?

└─➤ 구해야 할 것

문제 돋보기

✔ 장미 수와 백합 수를 더하면? → ☐ 송이

✔ 장미 수에서 백합 수를 빼면? → ☐ 송이

★ 구해야 할 것은?

→ _____ 장미 수와 백합 수 _____

풀이 과정

❶ 합이 4인 덧셈식은?

0+☐=4, 1+☐=4, 2+☐=4

❷ 위 ❶에서 구한 덧셈식 중 더한 두 수의 차가 2인 덧셈식은?

☐ + ☐ =4

└──┘ 두 수의 차가 2

❸ 장미와 백합은 각각 몇 송이?

장미 수가 백합 수보다 많으므로 (장미 수) ◯ (백합 수)

→ 장미는 ☐ 송이, 백합은 ☐ 송이입니다.

답 장미: _____ , 백합: _____

정답과 해설 20쪽

💡 왼쪽 ❷번과 같이 문제에 색칠하고 밑줄을 그어 가며 문제를 풀어 보세요.

2-1 합이 7이고, / 차가 1인 / 두 수가 있습니다. /
두 수 중에서 더 큰 수를 구해 보세요.

문제 돋보기

✔ 두 수의 합은? → ☐

✔ 두 수의 차는? → ☐

★ 구해야 할 것은?

→ _____

풀이 과정

❶ 합이 7인 덧셈식은?

$0+$ ☐ $=7,$ $1+$ ☐ $=7,$ $2+$ ☐ $=7,$ $3+$ ☐ $=7$

❷ 위 ❶에서 구한 덧셈식 중 더한 두 수의 차가 1인 덧셈식은?

☐ $+$ ☐ $=7$

❸ 두 수 중에서 더 큰 수는?

위 ❷에서 더한 두 수의 크기를 비교하면 ☐ $>$ ☐ 이므로

더 큰 수는 ☐ 입니다.

답 _____

문제가 어려웠나요?

☐ 어려워요!

☐ 적당해요 ^_^

☐ 쉬워요 >o<

 문제를 읽고 '연습하기'에서 했던 것처럼 밑줄을 그어 가며 문제를 풀어 보세요.

1 꽃밭에 나비가 3마리 있고, 벌은 나비보다 2마리 더 적게 있습니다.
꽃밭에 있는 나비와 벌은 모두 몇 마리인가요?

❶ 꽃밭에 있는 벌은 몇 마리?

❷ 꽃밭에 있는 나비와 벌은 모두 몇 마리?

답 _____

2 합이 6이고, 차가 2인 두 수가 있습니다. 두 수를 구해 보세요.

❶ 합이 6인 덧셈식은?

❷ 위 ❶에서 구한 덧셈식 중 더한 두 수의 차가 2인 덧셈식은?

❸ 두 수를 구하면?

답 _____ , _____

정답과 해설 20쪽

3 동빈이네 모둠은 남학생이 2명, 여학생이 4명입니다. 윤지네 모둠의 학생 수는 동빈이네 모둠의 학생 수보다 3명 더 많습니다. 윤지네 모둠 학생은 몇 명인가요?

❶ 동빈이네 모둠 학생 수는?

❷ 윤지네 모둠 학생 수는?

답 _____

4 사과 수와 오렌지 수의 합은 9개이고, 사과는 오렌지보다 5개 더 적습니다. 사과와 오렌지 중에서 더 많은 것은 무엇이고, 몇 개인지 차례대로 써 보세요.

❶ 합이 9인 덧셈식은?

❷ 위 ❶에서 구한 덧셈식 중 더한 두 수의 차가 5인 덧셈식은?

❸ 사과와 오렌지 중에서 더 많은 것과 그 수는?

답 _____ , _____

1

64쪽 가장 큰 수와 가장 작은 수의 차 구하기

냉장고 안에 사과가 3개, 귤이 6개, 감이 5개 있습니다.
가장 많은 과일은 가장 적은 과일보다 몇 개 더 많나요?

풀이

답 _____

2

58쪽 조건에 맞게 수 가르기

지윤이는 비스킷 6개를 오빠와 나누어 먹으려고 합니다.
나누어 먹는 방법은 모두 몇 가지인지 구해 보세요.
(단, 비스킷을 각각 적어도 1개는 먹습니다.)

풀이

답 _____

3

82쪽 덧셈과 뺄셈

다람쥐가 도토리를 아침에 1개 먹었고, 저녁에는 아침보다 2개 더 많이
먹었습니다. 다람쥐가 아침과 저녁에 먹은 도토리는 모두 몇 개인가요?

풀이

답 _____

정답과 해설 21쪽

4 `70쪽` 합이 가장 큰(작은) 덧셈식 만들기 / 차가 가장 큰(작은) 뺄셈식 만들기

4장의 수 카드 2 , 5 , 3 , 4 중에서 2장을 골라 합이 가장 작은

덧셈식을 만들었을 때, 합을 구해 보세요.

풀이

답 _____

5 `66쪽` 덧셈, 뺄셈하고 크기 비교하기

동우와 주하는 주사위 2개를 동시에 던져 나온 눈의 수의 합이 더 큰

사람이 이기는 놀이를 했습니다. 놀이에서 이긴 사람은 누구인가요?

동우    주하

풀이

답 _____

6 `72쪽` 더한(뺀) 수 구하기

교실에 남학생 2명과 여학생 4명이 있었습니다. 그중에서 몇 명이

나갔더니 교실에 3명이 남았습니다. 나간 학생은 몇 명인가요?

풀이

답 _____

7 76쪽 주고 받은 후의 수 구하기

젤리를 서은이는 6개, 종민이는 5개 가지고 있었습니다. 서은이가 종민이에게 젤리를 2개 주었습니다. 서은이와 종민이는 젤리를 각각 몇 개 가지게 되나요?

풀이

탑 서은: _____ , 종민: _____

8 78쪽 처음의 수 구하기

어느 기차 칸에 몇 명이 타고 있었는데 이번 역에서 4명이 내리고 3명이 탔습니다. 지금 이 기차 칸에 타고 있는 사람이 8명이라면 처음 기차 칸에 타고 있던 사람은 몇 명인가요?

풀이

탑 _____

84쪽 합, 차가 주어졌을 때 두 수 구하기

9 합이 8이고, 차가 2인 두 수가 있습니다. 두 수를 구해 보세요.

[풀이]

답 _____ , _____

도전문제
10

84쪽 합, 차가 주어졌을 때 두 수 구하기

밤을 윤서는 4개 가지고 있고, 진성이는 5개 가지고 있습니다.
윤서의 밤의 수가 진성이의 밤의 수보다 5개 더 많아지려면
진성이는 윤서에게 밤을 몇 개 주어야 하나요?

❶ 윤서와 진성이가 가지고 있는 밤의 수의 합은?

❷ 윤서와 진성이가 각각 가져야 하는 밤의 수는?

❸ 진성이가 윤서에게 주어야 하는 밤의 수는?

답 _____

4 비교하기

내가 입은 바지를
색칠하여 꾸며 봐!

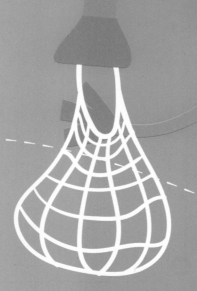

14일

· 두 개씩 비교한 것 보고
세 개 비교하기

· 물을 부은 횟수를 비교하여
담을 수 있는 양 비교하기

15일

· 남은 양을 보고 가장
많이(적게) 마신 사람 찾기

· 개수가 다르고 무게가 같을 때
물건 한 개의 무게 비교하기

16일

단원 마무리

함께 이야기해요!

요리를 만들며 알맞은 말에 ◯표 해 보세요.

RECIPE

케이크 만들기

준비물

버터, 밀가루, 우유

딸기 6개

달걀 3개

SUGAR

버터가 들어 있는 그릇은 달걀이 들어 있는
그릇보다 더 (넓어 , 좁아).

달걀이 들어 있는 그릇은
버터가 들어 있는 그릇보다
더 (넓어 , 좁아).

분홍색 냄비는 하늘색 냄비보다
담을 수 있는 양이 더 (많아 , 적어).

하늘색 냄비는 분홍색 냄비보다
담을 수 있는 양이 더 (많아 , 적어).

호박은 감자보다
더 (무거워 , 가벼워).

감자는 호박보다
더 (무거워 , 가벼워).

바나나는 딸기보다 더
(길어 , 짧아).

딸기는 바나나보다 더
(길어 , 짧아).

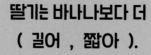

1

빨간색, 노란색, 파란색 끈 중에서 /

길이가 가장 긴 끈은 무슨 색인가요?

★ 구해야 할 것

- 빨간색 끈은 노란색 끈보다 더 깁니다.
- 파란색 끈은 빨간색 끈보다 더 깁니다.

문제 돋보기

✓ 빨간색 끈과 노란색 끈의 길이를 비교하면?

→ 빨간색 끈은 노란색 끈보다 더 (깁니다 , 짧습니다).

✓ 파란색 끈과 빨간색 끈의 길이를 비교하면?

→ 파란색 끈은 빨간색 끈보다 더 (깁니다 , 짧습니다).

★ 구해야 할 것은?

→ _____ 길이가 가장 긴 끈의 색깔

풀이 과정

❶ 세 끈의 길이를 비교하면?

	색	
	색	
노란색		

깁니다.

❷ 길이가 가장 긴 끈의 색깔은?

위 ❶ 에서 길이가 가장 긴 끈은 [   ]색입니다.

답 _____

왼쪽 **1**번과 같이 문제에 색칠하고 밑줄을 그어 가며 문제를 풀어 보세요.

1-1 세 사람이 시소를 타고 있습니다. / 가장 무거운 사람의 이름을 써 보세요.

은서   동하   은서   현수

문제 돋보기

✔ 은서와 동하의 몸무게를 비교하면?

→ 은서는 동하보다 더 (무겁습니다 , 가볍습니다).

✔ 은서와 현수의 몸무게를 비교하면?

→ 은서는 현수보다 더 (무겁습니다 , 가볍습니다).

★ 구해야 할 것은?

→ _____

풀이 과정

❶ 세 사람의 몸무게를 비교하면?

(은서의 몸무게) > (동하의 몸무게)이고,

(은서의 몸무게) < (현수의 몸무게)이므로

몸무게를 비교하면

(⬚) > (⬚) > (⬚)입니다.

❷ 가장 무거운 사람은?

위 ❶에서 가장 무거운 사람은 ⬚ 입니다.

답 _____

문제가 어려웠나요?

☐ 어려워요!

☐ 적당해요 ^-^

☐ 쉬워요 >o<

물을 부은 횟수를 비교하여 담을 수 있는 양 비교하기

2

똑같은 그릇에 물을 가득 담아 /
㉠ 수조에 9번 붓고, / ㉡ 수조에 7번 부었더니 /
각각의 수조에 물이 가득 찼습니다. /
담을 수 있는 양이 더 많은 수조는 /
어느 것인가요? ── ★ 구해야 할 것

 문제 돋보기

✓ 그릇에 물을 가득 담아 ㉠ 수조를 가득 채우려면? → ☐ 번 붓습니다.

✓ 그릇에 물을 가득 담아 ㉡ 수조를 가득 채우려면? → ☐ 번 붓습니다.

★ 구해야 할 것은?

→ ‾‾‾‾‾‾‾ 담을 수 있는 양이 더 많은 수조 ‾‾‾‾‾‾‾

풀이 과정

❶ 그릇에 물을 가득 담아 수조를 채우는 횟수를 비교하면?

| 9번 | ◯ | 7번 |

㉠ 수조   ㉡ 수조
└→ >, =, < 중 알맞은 것 쓰기

❷ 담을 수 있는 양이 더 많은 수조는?
같은 그릇으로 물을 채우는 횟수가 많을수록 담을 수 있는 양이

많으므로 담을 수 있는 양이 더 많은 수조는 ☐ 수조입니다.

❸ 답 ‾‾‾‾‾‾‾‾‾‾‾‾‾‾‾

정답과 해설 23쪽

💡 왼쪽 **2** 번과 같이 문제에 색칠하고 밑줄을 그어 가며 문제를 풀어 보세요.

2-1

㉠과 ㉡ 두 물병에 / 물을 가득 채우기 위해 / 똑같은 컵으로 물을 부은 횟수입니다. / 담을 수 있는 양이 더 적은 물병은 / 어느 것인가요?

> ㉠ 물병: 4번   ㉡ 물병: 5번

문제 돋보기

✔ 컵에 물을 가득 담아 ㉠ 물병을 가득 채우려면? → ☐ 번 붓습니다.

✔ 컵에 물을 가득 담아 ㉡ 물병을 가득 채우려면? → ☐ 번 붓습니다.

★ 구해야 할 것은?

→ _____

풀이 과정

❶ 컵에 물을 가득 담아 물병을 채우는 횟수를 비교하면?

┌─────────┐   ◯   ┌─────────┐
│   4번   │   │   5번   │
└─────────┘   └─────────┘
  ㉠ 물병   ㉡ 물병

❷ 담을 수 있는 양이 더 적은 물병은?

같은 컵으로 물을 채우는 횟수가 적을수록 담을 수 있는 양이

적으므로 담을 수 있는 양이 더 적은 물병은 ☐ 물병입니다.

문제가 어려웠나요?

☐ 어려워요!

☐ 적당해요 ^_^

☐ 쉬워요 >ㅇ<

답 _____

◆ 두 개씩 비교한 것 보고 세 개 비교하기
◆ 물을 부은 횟수를 비교하여
담을 수 있는 양 비교하기

 문제를 읽고 '연습하기'에서 했던 것처럼 밑줄을 그어 가며 문제를 풀어 보세요.

1 매실나무, 밤나무, 소나무 중에서 키가 가장 큰 나무는 무엇인가요?

> • 매실나무는 밤나무보다 키가 더 작습니다.
> • 밤나무는 소나무보다 키가 더 작습니다.

❶ 세 나무의 키를 비교하면?

❷ 키가 가장 큰 나무는?

답 _____

2 똑같은 컵에 물을 가득 담아 ㉠ 그릇에 7번 붓고, ㉡ 그릇에 10번 부었더니 각각의 그릇에 물이 가득 찼습니다. 담을 수 있는 양이 더 많은 그릇은 어느 것인가요?

❶ 컵에 물을 가득 담아 그릇을 채우는 횟수를 비교하면?

❷ 담을 수 있는 양이 더 많은 그릇은?

답 _____

정답과 해설 23쪽

3 세 수조에 물을 가득 채우기 위해 똑같은 그릇으로 물을 부은 횟수입니다.
담을 수 있는 양이 가장 적은 수조는 어느 것인가요?

㉠ 수조	㉡ 수조	㉢ 수조
6번	9번	8번

❶ 그릇에 물을 가득 담아 수조를 채우는 횟수를 비교하면?

❷ 담을 수 있는 양이 가장 적은 수조는?

답 _____

4 지훈, 영민, 세아는 같은 아파트에 살고 있습니다. 지훈이는 영민이보다 더 높은 층에
살고, 지훈이는 세아보다 더 낮은 층에 삽니다. 세 사람 중에서 가장 낮은 층에 사는
사람은 누구인가요?

❶ 세 사람이 사는 층을 비교하면?

❷ 가장 낮은 층에 사는 사람은?

답 _____

1 오른쪽은 지수와 연재가 /
똑같은 컵에 우유를 가득 따라 /
마시고 남은 것입니다. /
우유를 더 많이 마신 사람은 누구인가요?
└─ ★ 구해야 할 것

 지수   연재

문제 돋보기

✔ 마신 우유와 마시고 남은 우유의 관계는?
→ 마신 우유의 양이 많을수록
마시고 남은 우유의 양이 (많습니다 , 적습니다).

★ 구해야 할 것은?
→ ___우유를 더 많이 마신 사람___

풀이 과정

❶ 마시고 남은 우유의 양을 비교하면?
마시고 남은 우유의 양은 지수가 연재보다 더 (많습니다 , 적습니다).

❷ 우유를 더 많이 마신 사람은?
마시고 남은 우유의 양이 적을수록 마신 우유의 양이 많으므로
우유를 더 많이 마신 사람은 [   ] 입니다.

답 _____

왼쪽 ❶번과 같이 문제에 색칠하고 밑줄을 그어 가며 문제를 풀어 보세요.

1-1 오른쪽은 종서와 선아가 / 똑같은 컵에 주스를 가득 따라 / 마시고 남은 것입니다. / 주스를 더 적게 마신 사람은 누구인가요?

종서   선아

문제 돋보기

✔ 마신 주스와 마시고 남은 주스의 관계는?

→ 마신 주스의 양이 적을수록
마시고 남은 주스의 양이 (많습니다 , 적습니다).

★ 구해야 할 것은?

→ _____

풀이 과정

❶ 마시고 남은 주스의 양을 비교하면?
마시고 남은 주스의 양은 종서가 선아보다 더 (많습니다 , 적습니다).

❷ 주스를 더 적게 마신 사람은?
마시고 남은 주스의 양이 많을수록 마신 주스의 양이 적으므로

주스를 더 적게 마신 사람은 [ ]입니다.

문제가 어려웠나요?
☐ 어려워요!
☐ 적당해요 ^_^
☐ 쉬워요 >0<

답 _____

2

연필 5자루와 / 지우개 2개의 무게가 같습니다. /

연필과 지우개는 각각 무게가 같을 때, /

연필과 지우개 중에서 /

하나의 무게가 더 무거운 것은 / 어느 것인가요?

└─→ 구해야 할 것

문제 돋보기

✔ 주어진 무게를 비교하면?

→ 연필 ▢ 자루와 지우개 2개의 무게가 같습니다.

★ 구해야 할 것은?

→ _____ 하나의 무게가 더 무거운 것 _____

풀이 과정

❶ 연필 2자루와 지우개 2개의 무게를 비교하면?

연필 5자루 중에서 ▢ 자루를 빼서 연필 2자루와 지우개 2개의

무게를 비교하면 (연필 2자루 , 지우개 2개)가 더 무겁습니다.

❷ 연필과 지우개 중에서 하나의 무게가 더 무거운 것은?

하나의 무게가 더 무거운 것은 ▢ 입니다.

답 _____

왼쪽 ❷번과 같이 문제에 색칠하고 밑줄을 그어 가며 문제를 풀어 보세요.

2-1 풀 3개와 / 집게 4개의 무게가 같습니다. / 풀과 집게는 각각 무게가 같을 때, / 풀과 집게 중에서 / 1개의 무게가 더 가벼운 것은 / 어느 것인가요?

문제 돋보기

✔ 주어진 무게를 비교하면?

→ 풀 3개와 집게 [ ]개의 무게가 같습니다.

★ 구해야 할 것은?

→ _____

풀이 과정

❶ 풀 3개와 집게 3개의 무게를 비교하면?

집게 4개 중에서 [ ]개를 빼서 풀 3개와 집게 3개의 무게를 비교하면

(풀 3개 , 집게 3개)가 더 가볍습니다.

❷ 풀과 집게 중에서 1개의 무게가 더 가벼운 것은?

1개의 무게가 더 가벼운 것은 [ ]입니다.

문제가 어려웠나요?

☐ 어려워요!
☐ 적당해요 ^_^
☐ 쉬워요 >o<

🅰 _____

문장제 실력쌓기

◆ 남은 양을 보고 가장 많이(적게) 마신 사람 찾기
◆ 개수가 다르고 무게가 같을 때 물건 한 개의 무게 비교하기

 문제를 읽고 '연습하기'에서 했던 것처럼 밑줄을 그어 가며 문제를 풀어 보세요.

1 오른쪽은 미래와 경규가 똑같은 병에 주스를 가득 따라 마시고 남은 것입니다. 주스를 더 많이 마신 사람은 누구인가요?

미래   경규

❶ 마시고 남은 주스의 양을 비교하면?

❷ 주스를 더 많이 마신 사람은?

답 _____

2 색연필 2자루와 연필 3자루의 무게가 같습니다. 색연필과 연필은 각각 무게가 같을 때, 색연필과 연필 중에서 1자루의 무게가 더 무거운 것은 어느 것인가요?

❶ 색연필 2자루와 연필 2자루의 무게를 비교하면?

❷ 색연필과 연필 중에서 1자루의 무게가 더 무거운 것은?

답 _____

정답과 해설 25쪽

3 오른쪽은 세 사람이 똑같은 물통에 가득 들어 있던 물을 각각 마시고 남은 것입니다. 물을 가장 적게 마신 사람은 누구인가요?

재준   동하   채영

❶ 마시고 남은 물의 양을 비교하면?

❷ 물을 가장 적게 마신 사람은?

달 _____

4 팽이 4개와 구슬 7개의 무게가 같습니다. 팽이와 구슬은 각각 무게가 같을 때, 팽이 2개와 구슬 2개 중에서 무게가 더 가벼운 것은 어느 것인가요?

❶ 팽이 4개와 구슬 4개의 무게를 비교하면?

❷ 팽이 2개와 구슬 2개 중에서 무게가 더 가벼운 것은?

달 _____

96쪽 두 개씩 비교한 것 보고 세 개 비교하기

1 세 사람이 시소를 타고 있습니다. 가장 가벼운 사람의 이름을 써 보세요.

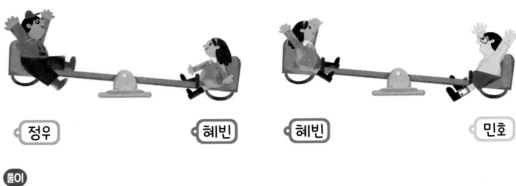

정우　　혜빈　　혜빈　　민호

풀이

답 _____

98쪽 물을 부은 횟수를 비교하여 담을 수 있는 양 비교하기

2 똑같은 컵에 물을 가득 담아 ㉮에는 8번, ㉯에는 5번 부었더니 가득 찼습니다. 담을 수 있는 양이 더 적은 것의 기호를 써 보세요.

㉮ 　　㉯

풀이

답 _____

정답과 해설 25쪽

3

102쪽 남은 양을 보고 가장 많이(적게) 마신 사람 찾기

동민이와 세빈이가 똑같은 컵에 물을 가득 따라 마시고 남은 것입니다.
물을 더 많이 마신 사람은 누구인가요?

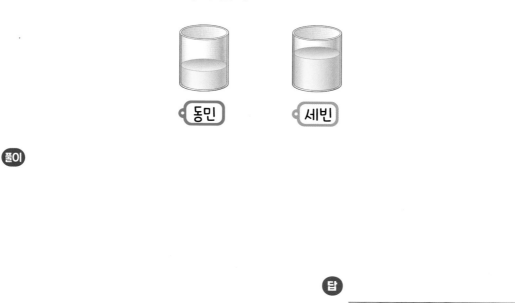

풀이

탑 _____

4

98쪽 물을 부은 횟수를 비교하여 담을 수 있는 양 비교하기

세 그릇에 물을 가득 채우기 위해 똑같은 컵으로 물을 부은 횟수입니다.
담을 수 있는 양이 많은 그릇부터 차례대로 기호를 써 보세요.

㉮	㉯	㉰
7번	5번	10번

풀이

탑 _____

104쪽 개수가 다르고 무게가 같을 때 물건 한 개의 무게 비교하기

5 공깃돌과 바둑돌은 각각 무게가 같을 때, 공깃돌과 바둑돌 중에서
1개의 무게가 더 가벼운 것은 어느 것인가요?

공깃돌 8개  바둑돌 5개

풀이

답 _____

96쪽 두 개씩 비교한 것 보고 세 개 비교하기

6 수정, 용민, 현범이는 같은 아파트에 살고 있습니다. 세 사람 중에서 가장
높은 층에 사는 사람과 가장 낮은 층에 사는 사람을 차례대로 써 보세요.

- 수정이는 용민이보다 더 낮은 층에 삽니다.
- 현범이는 용민이보다 더 높은 층에 삽니다.

풀이

답 _____ , _____

7

102쪽 남은 양을 보고 가장 많이(적게) 마신 사람 찾기

오른쪽은 세 사람이 똑같은 병에 가득 들어 있던 주스를 각각 마시고 남은 것입니다. 주스를 적게 마신 사람부터 차례대로 이름을 써 보세요.

유하　　성재　　세린

풀이

답 _____

도전문제 **8**

96쪽 두 개씩 비교한 것 보고 세 개 비교하기

104쪽 개수가 다르고 무게가 같을 때 물건 한 개의 무게 비교하기

크레파스, 붓, 사인펜은 각각 무게가 같습니다. 크레파스, 붓, 사인펜 중에서 1자루의 무게가 가장 무거운 것은 무엇인가요?

- 크레파스 2자루와 붓 4자루의 무게가 같습니다.
- 크레파스 4자루와 사인펜 3자루의 무게가 같습니다.

❶ 크레파스 1자루와 붓 1자루의 무게를 비교하면?

❷ 크레파스 1자루와 사인펜 1자루의 무게를 비교하면?

❸ 1자루의 무게가 가장 무거운 것은?

답 _____

5 50까지의 수

내가 들고 있는
가방을 색칠하여
꾸며 봐!

17일

· 똑같은 두 수로 가르기
· 조건에 맞게 수 가르기

18일

· 낱개가 몇 개 더 있어야
  하는지 구하기
· 수의 크기 비교하기

19일

· 조건을 만족하는 수 구하기
· 수 카드로 몇십몇 만들기

20일

단원 마무리

문장제 준비하기

함께 이야기해요!

요리를 만들며 빈칸에 알맞은 수나 말을 써 보세요.

* RECIPE *
피자 만들기

준비물
밀가루, 달걀
피망, 감자, 햄
방울토마토, 치즈

방울토마토는 10개씩 묶음 3개와 낱개 4개이므로

모두 ☐ 개야.

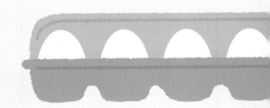

햄 13장은

5장이랑 ☐ 장으로 가르기 할 수 있어.

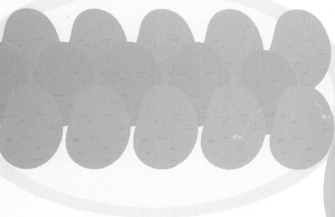

감자는 15개, 피망은 22개 있어.

그럼 15 < 22니까 ☐ 이(가) 더 많네.

똑같은 두 수로 가르기

1

두 상자에 풍선이 각각 / 8개, 4개 들어 있습니다. /
풍선을 윤민이와 서하가 /
똑같이 나누어 불려고 합니다. /
한 사람이 불어야 하는 풍선은 / 몇 개인가요?

└─→ ★ 구해야 할 것

문제 돋보기

✔ 윤민이와 서하가 풍선을 나누어 부는 방법은?

→ 풍선 ☐ 개와 ☐ 개를 똑같이 나누어 불려고 합니다.

★ 구해야 할 것은?

→ _____
　　　한 사람이 불어야 하는 풍선 수

풀이 과정

❶ 8과 4를 모으기 하면?

❷ 위 ❶에서 모으기 한 수를 똑같이 가르기 하여
한 사람이 불어야 하는 풍선 수를 구하면?

한 사람이 불어야 하는 풍선 수: ☐ 개

두 수가 같습니다.

답 _____

정답과 해설 27쪽

 왼쪽 ❶번과 같이 문제에 색칠하고 밑줄을 그어 가며 문제를 풀어 보세요.

1-1 두 주머니에 구슬이 각각 / 7개, 9개 들어 있습니다. / 두 주머니에 들어 있는 구슬을 / 채린이와 시영이가 / 똑같이 나누어 가지려고 합니다. / 한 사람이 가져야 하는 구슬은 / 몇 개인가요?

문제 돋보기

✔ 채린이와 시영이가 구슬을 나누어 가지는 방법은?

→ 구슬 ☐ 개와 ☐ 개를 똑같이 나누어 가지려고 합니다.

★ 구해야 할 것은?

→ _____

풀이 과정

❶ 7과 9를 모으기 하면?

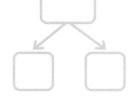

❷ 위 ❶에서 모으기 한 수를 똑같이 가르기 하여 한 사람이 가져야 하는 구슬 수를 구하면?

한 사람이 가져야 하는 구슬 수: ☐ 개

답 _____

문제가 어려웠나요?

☐ 어려워요!
☐ 적당해요 ^_^
☐ 쉬워요 >o<

조건에 맞게 수 가르기

2

준경이와 혜리는 밤 **10개**를 /
나누어 가지려고 합니다. /
준경이가 혜리보다 / **밤을 2개 더 많이 가지려면** /
준경이는 밤을 몇 개 가져야 하나요?

└─ ★ 구해야 할 것

문제 돋보기

✔ 밤의 수는? → ☐ 개

✔ 준경이가 혜리보다 더 많이 가지려는 밤의 수는? → ☐ 개

★ 구해야 할 것은?

→ <u>준경이가 가져야 하는 밤의 수</u>

풀이 과정

❶ 10을 서로 다른 두 수로 가르기 하면?

10		10		10		10	
9	☐	8	☐	7	☐	6	☐

❷ 준경이가 가져야 하는 밤의 수는?

위 ❶에서 가르기 한 두 수의 차가 2인 경우는 ☐ 와(과) ☐ 입니다.

⇨ 준경이가 가져야 하는 밤의 수: ☐ 개

답 _____

118

정답과 해설 28쪽

 왼쪽 **2**번과 같이 문제에 색칠하고 밑줄을 그어 가며 문제를 풀어 보세요.

2-1 수호는 젤리 15개를 / 친구와 나누어 먹으려고 합니다. / 수호가 친구보다 / 젤리를 1개 더 적게 먹으려면 / 수호는 젤리를 몇 개 먹어야 하나요?

문제 돋보기

✓ 젤리 수는? → ☐ 개

✓ 수호가 친구보다 더 적게 먹으려는 젤리 수는? → ☐ 개

★ 구해야 할 것은?

→ _____

풀이 과정

❶ 15를 두 수로 가르기 하면?

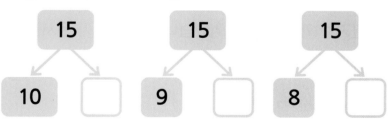

❷ 수호가 먹어야 하는 젤리 수는?

위 ❶에서 가르기 한 두 수의 차가 1인 경우는

☐ 와(과) ☐ 입니다.

⇨ 수호가 먹어야 하는 젤리 수: ☐ 개

문제가 어려웠나요?

☐ 어려워요!

☐ 적당해요 ^-^

☐ 쉬워요 >o<

답 _____

119

 문제를 읽고 '연습하기'에서 했던 것처럼 밑줄을 그어 가며 문제를 풀어 보세요.

1 두 주머니에 공깃돌이 각각 10개, 8개 들어 있습니다. 공깃돌을 주호와 선주가 똑같이 나누어 가지려고 합니다. 한 사람이 가져야 하는 공깃돌은 몇 개인가요?

❶ 10과 8을 모으기 하면?

❷ 위 ❶에서 모으기 한 수를 똑같이 가르기 하여 한 사람이 가져야 하는 공깃돌 수를 구하면?

답 _____

2 재민이와 윤서는 딸기 11개를 나누어 먹었습니다. 재민이가 윤서보다 딸기를 1개 더 많이 먹었다면 재민이는 딸기를 몇 개 먹었을까요?

❶ 11을 두 수로 가르기 하면?

❷ 재민이가 먹은 딸기의 수는?

답 _____

정답과 해설 28쪽

3 소라와 강호는 초콜릿을 각각 3개, 9개 가지고 있습니다. 두 사람이 초콜릿을 똑같이 나누어 먹으려고 합니다. 한 사람이 먹어야 하는 초콜릿은 몇 개인가요?

➊ 3과 9를 모으기 하면?

➋ 위 ➊에서 모으기 한 수를 똑같이 가르기 하여 한 사람이 먹어야 하는 초콜릿 수를 구하면?

답 _____

4 종하는 딱지 12장을 친구와 나누어 가지려고 합니다. 종하가 친구보다 딱지를 더 적게 가지게 되는 경우는 몇 가지인가요? (단, 종하와 친구는 딱지를 적어도 한 장씩은 가집니다.)

➊ 12를 두 수로 가르기 하면?

➋ 종하가 친구보다 딱지를 더 적게 가지게 되는 경우는?

답 _____

1

재현이는 딸기밭에서 딸기를 25개 땄습니다. /

한 상자에 10개씩 담아 /

3상자를 만들려면 /

딸기를 몇 개 더 따야 하나요?

→ 구해야 할 것

문제 돋보기

✓ 재현이가 딴 딸기 수는? → ☐ 개

✓ 만들려는 상자 수는? → 한 상자에 10개씩 ☐ 상자

★ 구해야 할 것은?

→ _____ 더 따야 하는 딸기 수 _____

풀이 과정

❶ 딸기 25개를 10개씩 상자에 담으면?

10개씩 ☐ 상자와 낱개 ☐ 개가 됩니다.

❷ 10개씩 3상자가 되려면?

낱개를 ☐ 개로 만들어야 합니다.

❸ 더 있어야 하는 딸기 수는?

낱개 5개가 10개가 되려면 ☐ 개가 더 있어야 하므로

더 있어야 하는 딸기는 ☐ 개입니다.

답 _____

정답과 해설 29쪽

왼쪽 **①**번과 같이 문제에 색칠하고 밑줄을 그어 가며 문제를 풀어 보세요.

1-1

바구니에 귤이 48개 있습니다. / 한 봉지에 10개씩 담아 / 5봉지를 만들려고
합니다. / 귤은 몇 개 더 있어야 하나요?

**문제
돋보기**

✔ 바구니에 있는 귤의 수는? → ☐ 개

✔ 만들려는 봉지 수는? → 한 봉지에 10개씩 ☐ 봉지

★ 구해야 할 것은?

→ _____

**풀이
과정**

❶ 귤 48개를 10개씩 봉지에 담으면?

10개씩 ☐ 봉지와 낱개 ☐ 개가 됩니다.

❷ 10개씩 5봉지가 되려면?

낱개를 ☐ 개로 만들어야 합니다.

❸ 더 있어야 하는 귤의 수는?

낱개 8개가 10개가 되려면 ☐ 개가 더 있어야 하므로

더 있어야 하는 귤은 ☐ 개입니다.

답 _____

문제가 어려웠나요?

☐ 어려워요!
☐ 적당해요 ^_^
☐ 쉬워요 >o<

수의 크기 비교하기

2

빵 가게에 **팥빵이 16개**, /

크림빵이 31개, /

도넛이 10개씩 2상자와 낱개 9개 있습니다. /

팥빵, 크림빵, 도넛 중에서 /

가장 많은 것은 어느 것인가요?

★ 구해야 할 것

문제 돋보기

✓ 팥빵의 수는? → ☐ 개

✓ 크림빵의 수는? → ☐ 개

✓ 도넛의 수는? → 10개씩 ☐ 상자와 낱개 ☐ 개

★ 구해야 할 것은?

→ 팥빵, 크림빵, 도넛 중에서 가장 많은 것

풀이 과정

❶ 도넛의 수는?

10개씩 ☐ 상자와 낱개 ☐ 개 ⇨ ☐ 개

❷ 팥빵, 크림빵, 도넛 중에서 가장 많은 것은?

16, 31, ☐ 의 10개씩 묶음의 수를 비교하면

→ 도넛의 수

가장 큰 수는 ☐ 이므로 가장 많은 것은 ☐ 입니다.

답 _____

정답과 해설 29쪽

💡 왼쪽 ❷번과 같이 문제에 색칠하고 밑줄을 그어 가며 문제를 풀어 보세요.

2-1 고구마가 35개, / 감자가 38개, / 호박이 10개씩 묶음 3개와 낱개 2개 있습니다. / 고구마, 감자, 호박 중에서 / 가장 적은 것은 어느 것인가요?

(문제 돋보기)

✔ 고구마의 수는? → ☐ 개

✔ 감자의 수는? → ☐ 개

✔ 호박의 수는? → 10개씩 묶음 ☐ 개와 낱개 ☐ 개

★ 구해야 할 것은?

→ _____

(풀이 과정)

❶ 호박의 수는?

10개씩 묶음 ☐ 개와 낱개 ☐ 개 ⇨ ☐ 개

❷ 고구마, 감자, 호박 중에서 가장 적은 것은?

35, 38, ☐ 의 낱개의 수를 비교하면

가장 작은 수는 ☐ 이므로

가장 적은 것은 ☐ 입니다.

답 _____

문제가 어려웠나요?

☐ 어려워요!

☐ 적당해요 ^-^

☐ 쉬워요 >o<

 문제를 읽고 '연습하기'에서 했던 것처럼 밑줄을 그어 가며 문제를 풀어 보세요.

1 상자에 토마토가 36개 있습니다. 한 바구니에 10개씩 담아 4바구니를 만들려고 합니다. 토마토는 몇 개 더 있어야 하나요?

❶ 토마토 36개를 10개씩 바구니에 담으면?

❷ 10개씩 4바구니가 되려면?

❸ 더 있어야 하는 토마토 수는?

답 _____

2 연필이 28자루, 색연필이 10자루씩 묶음 4개와 낱개 1자루, 사인펜이 37자루 있습니다. 연필, 색연필, 사인펜 중에서 가장 많은 것은 어느 것인가요?

❶ 색연필 수는?

❷ 연필, 색연필, 사인펜 중에서 가장 많은 것은?

답 _____

정답과 해설 30쪽

3 찐빵과 만두를 각각 한 상자에 10개씩 담아 5상자씩 만들려고 합니다. 지금까지 담은 찐빵은 49개, 만두는 41개입니다. 더 담아야 하는 찐빵과 만두는 모두 몇 개인가요?

❶ 찐빵 49개와 만두 41개를 각각 10개씩 상자에 담으면?

❷ 10개씩 5상자가 되려면?

❸ 더 담아야 하는 찐빵과 만두 수는?

탑 _____

4 세 주머니에 각각 바둑돌이 들어 있습니다. 바둑돌이 많이 들어 있는 주머니부터 차례대로 기호를 써 보세요.

㉮ 주머니	10개씩 묶음 1개와 낱개 4개
㉯ 주머니	16개
㉰ 주머니	10개씩 묶음 1개와 낱개 12개

❶ ㉮ 주머니와 ㉰ 주머니의 바둑돌의 수는?

❷ 바둑돌이 많이 들어 있는 주머니부터 차례대로 기호를 쓰면?

탑 _____

조건을 만족하는 수 구하기

1

수빈이는 다음 수만큼 종이학을 접었습니다. /
수빈이가 접은 종이학은 몇 개인가요?

└── ★ 구해야 할 것

> • 10과 20 사이의 수입니다.
> • 낱개의 수는 6입니다.

문제 돋보기

✓ 종이학의 수는?

→ ┌─ 10과 ☐ 사이의 수

  └─ 낱개의 수: ☐

★ 구해야 할 것은?

→ _____ 수빈이가 접은 종이학의 수 _____

풀이 과정

❶ 10개씩 묶음의 수는?

10과 20 사이의 수는 11부터 19까지이므로

10개씩 묶음의 수는 ☐ 입니다.

❷ 수빈이가 접은 종이학의 수는?

10개씩 묶음 ☐ 개와 낱개 ☐ 개이므로 ☐ 개입니다.

답 _____

정답과 해설 30쪽

 왼쪽 ❶번과 같이 문제에 색칠하고 밑줄을 그어 가며 문제를 풀어 보세요.

1-1

다음 조건을 / 모두 만족하는 수를 구해 보세요. /

> • 40보다 크고 50보다 작은 수입니다.
> • 낱개의 수는 2와 3을 모으기 한 수입니다.

문제 돋보기

✔ 조건은?

→
- 40보다 크고 [   ]보다 작은 수
- 낱개의 수: 2와 [   ]을(를) 모으기 한 수

★ 구해야 할 것은?

→ _____

풀이 과정

❶ 10개씩 묶음의 수와 낱개의 수는?

40보다 크고 50보다 작은 수는 41부터 49까지이므로

10개씩 묶음의 수는 [   ]입니다.

2와 3을 모으기 한 수는 [   ]이므로 낱개의 수는 [   ]입니다.

❷ 조건을 모두 만족하는 수는?

10개씩 묶음 [   ]개와 낱개 [   ]개이므로 [   ]입니다.

문제가 어려웠나요?

☐ 어려워요!

☐ 적당해요 ^-^

☐ 쉬워요 >o<

탑 _____

수 카드로 몇십몇 만들기

2 3장의 수 카드 1 , 2 , 3 중에서 / 2장을 골라 /

몇십몇을 만들려고 합니다. /

만들 수 있는 몇십몇 중에서 /

가장 큰 수는 얼마인가요?

└─★ 구해야 할 것

문제 돋보기

✔ 수 카드의 수는?

→ ☐ , ☐ , ☐

★ 구해야 할 것은?

→ <u>만들 수 있는 몇십몇 중에서 가장 큰 수</u>

풀이 과정

❶ 가장 큰 몇십몇을 만들려면?

가장 큰 몇십몇을 만들려면 가장 (큰 , 작은) 수와 둘째로 (큰 , 작은)

수를 차례대로 써야 합니다.

❷ 만들 수 있는 몇십몇 중에서 가장 큰 수는?

1, 2, 3 중에서 가장 큰 수는 ☐ , 둘째로 큰 수는 ☐ 이므로

만들 수 있는 몇십몇 중에서 가장 큰 수는 ☐ 입니다.

답 _____

💡 왼쪽 ❷번과 같이 문제에 색칠하고 밑줄을 그어 가며 문제를 풀어 보세요.

2-1 3장의 수 카드 [4] , [3] , [2] 중에서 / 2장을 골라 / 몇십몇을 만들려고

합니다. / 만들 수 있는 몇십몇 중에서 / 가장 작은 수는 얼마인가요?

문제 돋보기

✔ 수 카드의 수는?

→ ⬜ , ⬜ , ⬜

★ 구해야 할 것은?

→ _____

풀이 과정

❶ 가장 작은 몇십몇을 만들려면?

가장 작은 몇십몇을 만들려면 가장 (큰 , 작은) 수와 둘째로 (큰 , 작은)
수를 차례대로 써야 합니다.

❷ 만들 수 있는 몇십몇 중에서 가장 작은 수는?

4, 3, 2 중에서 가장 작은 수는 ⬜ ,

둘째로 작은 수는 ⬜ 이므로 만들 수 있는 몇십몇 중에서

가장 작은 수는 ⬜ 입니다.

❸ 답

_____

문제가 어려웠나요?

☐ 어려워!
☐ 적당해요 ^_^
☐ 쉬워요 >o<

 문제를 읽고 '연습하기'에서 했던 것처럼 밑줄을 그어 가며 문제를 풀어 보세요.

1 다음 조건을 모두 만족하는 수를 구해 보세요.

> • 20보다 크고 30보다 작은 수입니다.
> • 낱개의 수는 9입니다.

❶ 10개씩 묶음의 수는?

❷ 조건을 모두 만족하는 수는?

답 _____

2 3장의 수 카드 1 , 4 , 3 중에서 2장을 골라 몇십몇을 만들려고 합니다.

만들 수 있는 몇십몇 중에서 가장 큰 수는 얼마인가요?

❶ 가장 큰 몇십몇을 만들려면?

❷ 만들 수 있는 몇십몇 중에서 가장 큰 수는?

답 _____

정답과 해설 31쪽

3 다음 조건을 모두 만족하는 수를 구해 보세요.

> • 30보다 크고 40보다 작은 수입니다.
> • 낱개의 수는 4와 4를 모으기 한 수입니다.

❶ 10개씩 묶음의 수와 낱개의 수는?

❷ 조건을 모두 만족하는 수는?

답 _____

4 3장의 수 카드 ⬜2 , ⬜1 , ⬜4 중에서 2장을 골라 몇십몇을 만들려고 합니다.

만들 수 있는 몇십몇 중에서 20보다 작은 수를 모두 써 보세요.

❶ 20보다 작은 몇십몇의 10개씩 묶음의 수는?

❷ 만들 수 있는 몇십몇 중에서 20보다 작은 수는?

답 _____

단원 마무리

1

116쪽 똑같은 두 수로 가르기

두 접시에 쿠키가 각각 6개, 8개 놓여 있습니다. 쿠키를 지수와 동생이 똑같이 나누어 먹으려고 합니다. 한 사람이 먹어야 하는 쿠키는 몇 개인가요?

풀이

답 _____

2

130쪽 수 카드로 몇십몇 만들기

3장의 수 카드 3 , 2 , 1 중에서 2장을 골라 몇십몇을 만들려고 합니다. 만들 수 있는 몇십몇은 모두 몇 개인가요?

풀이

답 _____

3

122쪽 낱개가 몇 개 더 있어야 하는지 구하기

바구니에 호두가 43개 들어 있습니다. 호두를 한 봉지에 10개씩 담아 5봉지를 만들려고 합니다. 호두는 몇 개 더 있어야 하나요?

풀이

답 _____

정답과 해설 32쪽

124쪽 수의 크기 비교하기

4 클립이 10개씩 묶음 2개와 낱개 6개, 공깃돌이 19개, 집게가 28개
있습니다. 클립, 공깃돌, 집게 중에서 가장 많은 것은 어느 것인가요?

풀이

답 _____

130쪽 수 카드로 몇십몇 만들기

5 3장의 수 카드 2 , 4 , 1 중에서 2장을 골라 몇십몇을 만들려고
합니다. 만들 수 있는 몇십몇 중에서 가장 큰 수는 얼마인가요?

풀이

답 _____

128쪽 조건을 만족하는 수 구하기

6 다음 조건을 모두 만족하는 수를 구해 보세요.

> • 10보다 크고 20보다 작은 수입니다.
> • 낱개의 수는 4보다 크고 6보다 작습니다.

풀이

답 _____

7

118쪽 조건에 맞게 수 가르기

성호는 구슬 13개를 친구와 나누어 가지려고 합니다. 성호가 친구보다
구슬을 3개 더 많이 가지려면 성호는 구슬을 몇 개 가져야 하나요?

풀이

답 _____

8

124쪽 수의 크기 비교하기

세 상자에 지우개가 각각 들어 있습니다. 지우개가 적게 들어 있는
상자부터 차례대로 기호를 써 보세요.

㉮ 상자	39개
㉯ 상자	10개씩 묶음 3개와 낱개 5개
㉰ 상자	10개씩 묶음 2개와 낱개 17개

풀이

답 _____

128쪽 조건을 만족하는 수 구하기

9 다음 조건을 모두 만족하는 수를 구해 보세요.

> • 40보다 크고 50보다 작은 수입니다.
> • 낱개의 수는 2와 5로 가르기 할 수 있습니다.

⊙풀이

답 _____

118쪽 조건에 맞게 수 가르기

두 주머니에 사탕이 각각 8개씩 들어 있습니다. 은빈이와 주호는 사탕을 나누어 가지려고 합니다. 은빈이가 주호보다 사탕을 더 많이 가지게 되는 경우는 몇 가지인가요? (단, 은빈이와 주호는 사탕을 적어도 한 개씩은 가집니다.)

❶ 사탕의 수는?

❷ 사탕의 수를 두 수로 가르기 하면?

❸ 은빈이가 주호보다 사탕을 더 많이 가지게 되는 경우는?

답 _____

1 빨간색 구슬이 2개 있습니다. 초록색 구슬은 빨간색 구슬보다 1개 더 많습니다. 노란색 구슬은 초록색 구슬보다 1개 더 많습니다.
노란색 구슬은 몇 개인가요?

풀이

답 _____

2 , 모양 중에서 ㉮와 ㉯에 공통으로 들어 있는 모양을 찾아 ○표 하세요.

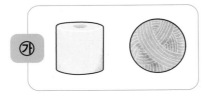 

풀이

답 ()

정답과 해설 33쪽

3 똑같은 컵에 물을 가득 담아 ㉮ 그릇에 4번 붓고, ㉯ 그릇에 6번 부었더니 각각의 그릇에 물이 가득 찼습니다. 담을 수 있는 양이 더 많은 그릇은 어느 것인가요?

풀이

답 _____

4 주영이는 토마토 36개를 상자에 담으려고 합니다. 토마토를 한 상자에 10개씩 담아 4상자를 만들려면 토마토가 몇 개 더 있어야 하나요?

풀이

답 _____

5 9명이 강당에 한 줄로 서 있습니다. 동준이는 뒤에서 다섯째에 서 있습니다. 동준이는 앞에서 몇째에 서 있나요?

풀이

답 _____

6 4장의 수 카드 5, 1, 3, 8 중에서 2장을 골라 차가 가장 큰 뺄셈식을 만들었을 때, 차를 구해 보세요.

풀이

답 _____

7 클립 5개와 집게 3개의 무게가 같습니다. 클립과 집게는 각각 무게가 같을 때, 클립과 집게 중에서 1개의 무게가 더 무거운 것은 어느 것인가요?

풀이

답 _____

8 진수는 귤 13개를 채빈이와 나누어 가지려고 합니다. 진수가 채빈이보다 귤을 1개 더 적게 가지려면 진수는 귤을 몇 개 가져야 하나요?

풀이

답 _____

9 버스에 몇 명이 타고 있었는데 이번 정류장에서 6명이 내리고 5명이 탔습니다. 지금 버스에 타고 있는 사람이 7명이라면 처음 버스에 타고 있던 사람은 몇 명인가요?

풀이

답 _____

10 규칙에 따라 ⬛, 🔵, ⚪ 모양을 늘어놓고 있습니다.

14째까지 놓을 때 🔵 모양은 모두 몇 개인가요?

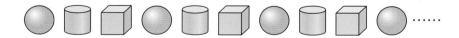

풀이

답 _____

1 수 카드를 작은 수부터 놓을 때 앞에서 첫째에 놓이는 수를 구해 보세요.

5 2 8 6 9

풀이

답 _____

2 설명하는 모양과 같은 모양의 물건을 찾아 기호를 써 보세요.

• 잘 굴러갑니다.
• 쌓을 수 있습니다.

 ㉠   ㉡   ㉢

풀이

답 _____

3 7명이 한 줄로 서 있습니다. 앞에서 셋째와 여섯째 사이에 서 있는 사람은 모두 몇 명인가요?

풀이

답 _____

4 나팔꽃, 봉숭아, 코스모스 중에서 키가 가장 작은 꽃은 무엇인가요?

> • 나팔꽃은 봉숭아보다 키가 더 큽니다.
> • 코스모스는 나팔꽃보다 키가 더 큽니다.

풀이

답 _____

5 주빈이가 호두를 4개 먹었고, 가영이는 주빈이보다 1개 더 적게
먹었습니다. 주빈이와 가영이가 먹은 호두는 모두 몇 개인가요?

풀이

답 _____

6 두 주머니에 사탕이 각각 10개, 6개 들어 있습니다. 사탕을 준서와 형이
똑같이 나누어 먹으려고 합니다. 한 사람이 먹게 되는 사탕은
몇 개인가요?

풀이

답 _____

7 세 상자에 구슬이 각각 들어 있습니다. 구슬이 많이 들어 있는 상자부터 차례대로 기호를 써 보세요.

㉮ 상자	10개씩 묶음 4개와 낱개 6개
㉯ 상자	48개
㉰ 상자	10개씩 묶음 3개와 낱개 14개

풀이

답 _____

8 세 사람이 똑같은 컵에 가득 들어 있던 주스를 각각 마시고 남은 것입니다. 주스를 많이 마신 사람부터 차례대로 이름을 써 보세요.

윤서   민혁   동우

풀이

답 _____

9 지아는 가지고 있던 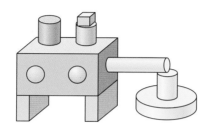, , 모양을 사용하여 다음과 같이 만들었더니 모양이 1개 남았습니다. 지아가 처음에 가지고 있던 , , 모양은 각각 몇 개인가요?

풀이

답 모양: _____ , 모양: _____ , 모양: _____

10 딸기 맛 사탕 5개와 포도 맛 사탕 3개가 있었습니다. 그중에서 몇 개를 먹었더니 6개가 남았습니다. 먹은 사탕은 몇 개인가요?

풀이

답 _____

1 다음 두 조건을 모두 만족하는 수를 구해 보세요.

> • 1과 4 사이의 수입니다.
> • 3보다 작은 수입니다.

풀이

답 _____

2 40보다 크고 50보다 작은 수 중에서 낱개의 수가 7인 수는 얼마인가요?

풀이

답 _____

3 오른쪽은 세훈이와 유정이가 똑같은 병에 물을 가득 따라 마시고 남은 것입니다. 물을 더 적게 마신 사람은 누구인가요?

세훈   유정

풀이

답 _____

4 쌓을 수 있는 모양의 물건을 모두 찾아 기호를 써 보세요.

ⓐ   ⓑ   ⓒ   ⓓ   ⓔ

풀이

답 _____

5 서하와 윤재는 마카롱 9개를 나누어 가졌습니다. 서하가 가진 마카롱이 4개라면 서하와 윤재 중에서 마카롱을 더 많이 가진 사람은 누구인가요?

풀이

답 _____

6 고구마 밭은 감자 밭보다 더 넓고 당근 밭은 감자 밭보다 더 좁습니다. 고구마 밭, 감자 밭, 당근 밭 중에서 가장 넓은 밭은 어디인가요?

풀이

답 _____

7 3장의 수 카드 3 , 1 , 4 중에서 2장을 골라 몇십몇을 만들려고

합니다. 만들 수 있는 몇십몇 중에서 가장 작은 수는 얼마인가요?

(풀이)

(답)

8 서현이는 가지고 있는 ▨, ▨, ● 모양을 사용하여 다음과 같이

만들려고 했더니 ▨ 모양이 1개 부족하고, ▨ 모양이 1개 남았습니다.

서현이가 가지고 있는 ▨, ▨, ● 모양은 각각 몇 개인가요?

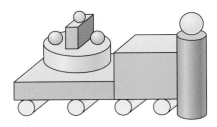

(풀이)

(답) ▨ 모양: _____ , ▨ 모양: _____ , ● 모양: _____

9 학생들이 한 줄로 서서 달리기를 하고 있습니다. 세연이는 앞에서 넷째, 뒤에서 셋째로 달리고 있습니다. 달리기를 하는 학생은 모두 몇 명인가요?

풀이

답 _____

10 합이 7이고, 차가 3인 두 수가 있습니다. 두 수를 구해 보세요.

풀이

답 _____ , _____

MEMO

함께 파티해요!

단원 마무리에서 오린
동물들을 붙이고
내 모습을 그려 보세요!

공부로 이끄는 힘

완자 공부력

정답과 해설
QR코드

1A
1학년

정답과 해설

교과서 문해력
수학 문장제 | **발전**

책 속의 가접 별책 (특허 제 0557442호)

'정답과 해설'은 진도책에서 쉽게 분리할 수 있도록 제작되었으므로
유통 과정에서 분리될 수 있으나 파본이 아닌 정상 제품입니다.

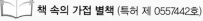

visang

ABOVE IMAGINATION

우리는 남다른 상상과 혁신으로
교육 문화의 새로운 전형을 만들어
모든 이의 행복한 경험과 성장에 기여한다

공부로 이끄는 힘

완자 공부력

교과서 문해력
수학 문장제 발전 1A

<정답과 해설>

1. 9까지의 수

문장제 준비하기

함께 이야기해요!
요리를 만들며 빈칸에 알맞은 수나 말을 써 보세요.

병 안에 있는 레몬은 **5** 개, 오렌지는 **3** 개야.

초콜릿을 한 개 먹으면 초콜릿의 수는 3보다 1만큼 더 작은 수인 **2** 개야.

딸기가 5개, 달걀이 4개 있네. 5와 4 중에서 더 큰 수는 **5** 야.

갈색 달걀은 왼쪽에서 **셋째** 야.

• RECIPE •
머핀 만들기
준비물
달걀 4개, 체리 2개
버터 2개, 초콜릿 5개

1일 문장제 연습하기

1만큼 더 큰 수, 1만큼 더 작은 수

공부한 날   월   일

1. 9까지의 수

정답과 해설 2쪽

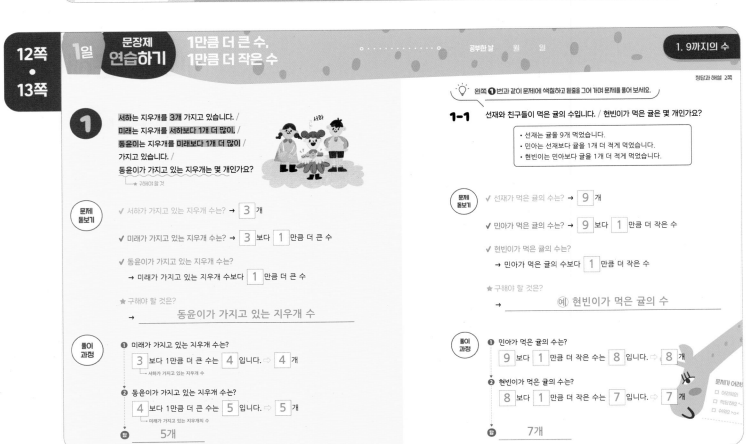

①
서하는 지우개를 3개 가지고 있습니다. / 미래는 지우개를 서하보다 1개 더 많이, / 동윤이는 지우개를 미래보다 1개 더 많이 / 가지고 있습니다. / 동윤이가 가지고 있는 지우개는 몇 개인가요?
└→ 구해야 할 것

문제 돋보기
✓ 서하가 가지고 있는 지우개 수는? → **3** 개
✓ 미래가 가지고 있는 지우개 수는? → **3** 보다 **1** 만큼 더 큰 수
✓ 동윤이가 가지고 있는 지우개 수는?
→ 미래가 가지고 있는 지우개 수보다 **1** 만큼 더 큰 수
★ 구해야 할 것은?
→ _____동윤이가 가지고 있는 지우개 수_____

풀이 과정
❶ 미래가 가지고 있는 지우개 수는?
3 보다 1만큼 더 큰 수는 **4** 입니다. ⇨ **4** 개
└ 서하가 가지고 있는 지우개 수
❷ 동윤이가 가지고 있는 지우개 수는?
4 보다 1만큼 더 큰 수는 **5** 입니다. ⇨ **5** 개
└ 미래가 가지고 있는 지우개의 수
답 _____5개_____

💡 왼쪽 **①**번과 같이 문제에 색칠하고 밑줄을 그어 가며 문제를 풀어 보세요.

1-1 선재와 친구들이 먹은 귤의 수입니다. / 현빈이가 먹은 귤은 몇 개인가요?

• 선재는 귤을 9개 먹었습니다.
• 민아는 선재보다 귤을 1개 더 적게 먹었습니다.
• 현빈이는 민아보다 귤을 1개 더 적게 먹었습니다.

문제 돋보기
✓ 선재가 먹은 귤의 수는? → **9** 개
✓ 민아가 먹은 귤의 수는? → **9** 보다 **1** 만큼 더 작은 수
✓ 현빈이가 먹은 귤의 수는?
→ 민아가 먹은 귤의 수보다 **1** 만큼 더 작은 수
★ 구해야 할 것은?
→ _____㈎ 현빈이가 먹은 귤의 수_____

풀이 과정
❶ 민아가 먹은 귤의 수는?
9 보다 **1** 만큼 더 작은 수는 **8** 입니다. ⇨ **8** 개
❷ 현빈이가 먹은 귤의 수는?
8 보다 **1** 만큼 더 작은 수는 **7** 입니다. ⇨ **7** 개
답 _____7개_____

문제가 어려웠
□ 어려워요
□ 적당해요
□ 쉬웠어요

몇째와 몇째 사이에 있는 것 구하기

정답과 해설 3쪽

② 주스를 사기 위해 / 9명이 한 줄로 서 있습니다. / 앞에서 넷째와 일곱째 사이에 있는 / 어린이의 이름을 모두 써 보세요.

★구해야 할 것

은지   현수   종영   민하   유선   재석   준서   나경   소혜

문제 돌보기

✓ 첫째에 있는 어린이의 이름은?

→ 순서를 왼쪽에서부터 세므로 첫째에 있는 어린이는 [은지] 입니다.

★ 구해야 할 것은?

→ <u>넷째와 일곱째 사이에 있는 어린이의 이름</u>

풀이 과정

❶ 넷째에 있는 어린이는?

은지부터 첫째, 둘째, 셋째, 넷째이므로 [민하] 입니다.

❷ 일곱째에 있는 어린이는?

은지부터 첫째, …… 다섯째, 여섯째, 일곱째이므로 [준서] 입니다.

❸ 넷째와 일곱째 사이에 있는 어린이는?

[민하] 와(과) [준서] 사이에 있는 어린이: [유선], [재석]

답   <u>유선, 재석</u>

💡 왼쪽 **②**번과 같이 문제에 색칠하고 밑줄을 그어 가며 문제를 풀어 보세요.

2-1 1부터 9까지의 수 카드를 / 9부터 순서를 거꾸로 하여 놓았습니다. / 일곱째와 아홉째 사이에 놓인 / 수 카드의 수는 무엇인가요?

문제 돌보기

✓ 첫째에 놓인 수는?

→ 9부터 순서를 거꾸로 하여 놓았으므로 첫째에 놓인 수는 [9] 입니다.

★ 구해야 할 것은?

→ <u>(예) 일곱째와 아홉째 사이에 놓인 수 카드의 수</u>

풀이 과정

❶ 1부터 9까지의 수를 9부터 순서를 거꾸로 하여 놓으면?

9, [8], [7], [6], [5], [4], [3], [2], [1]
↑ 첫째

❷ 일곱째와 아홉째에 놓인 수는?

일곱째: [3], 아홉째: [1]

❸ 일곱째와 아홉째 사이에 놓인 수는?

[3] 와(과) [1] 사이에 놓인 수: [2]

답   <u>2</u>

문제가 어려우
□ 어려워요
□ 적당해요
□ 쉬워요

◆ 1만큼 더 큰 수, 1만큼 더 작은 수
◆ 몇째와 몇째 사이에 있는 것 구하기

정답과 해설 3쪽

💡 문제를 읽고 '연습하기'에서 했던 것처럼 밑줄을 그어 가며 문제를 풀어 보세요.

1 지윤이가 가지고 있는 색종이의 수입니다. 노란색 색종이는 몇 장인가요?

> • 빨간색 색종이는 2장입니다.
> • 파란색 색종이는 빨간색 색종이보다 1장 더 많습니다.
> • 노란색 색종이는 파란색 색종이보다 1장 더 많습니다.

❶ 파란색 색종이 수는?

(예) 2보다 1만큼 더 큰 수는 3입니다. ⇨ 3장

❷ 노란색 색종이 수는?

(예) 3보다 1만큼 더 큰 수는 4입니다. ⇨ 4장

답   <u>4장</u>

2 예방 주사를 맞기 위해 5명이 한 줄로 서 있습니다. 앞에서부터 서 있는 어린이의 이름은 종석, 희영, 동운, 기정, 세빈입니다. 앞에서 셋째와 다섯째 사이에 있는 어린이의 이름을 써 보세요.

❶ 셋째에 있는 어린이의 이름은?

(예) 종석이부터 첫째, 둘째, 셋째이므로 동운입니다.

❷ 다섯째에 있는 어린이의 이름은?

(예) 종석이부터 첫째, 둘째, 셋째, 넷째, 다섯째이므로 세빈입니다.

❸ 셋째와 다섯째 사이에 있는 어린이의 이름은?

(예) 동운이와 세빈이 사이에 있는 어린이의 이름은 기정입니다.

답   <u>기정</u>

3 1부터 9까지의 수 카드를 9부터 순서를 거꾸로 하여 놓았습니다. 셋째와 일곱째 사이에 놓인 수 카드의 수를 모두 써 보세요.

❶ 1부터 9까지의 수를 9부터 순서를 거꾸로 하여 놓으면?

(예) 9, 8, 7, 6, 5, 4, 3, 2, 1

❷ 셋째와 일곱째에 놓인 수는?

(예) 셋째에 놓인 수는 7이고, 일곱째에 놓인 수는 3입니다.

❸ 셋째와 일곱째 사이에 놓인 수는?

(예) 7과 3 사이에 놓인 수는 6, 5, 4입니다.

답   <u>6, 5, 4</u>

4 핸드볼 경기에서 하중이와 정민이가 넣은 골의 수를 말하였습니다. 하중이가 넣은 골은 몇 골인가요?

정민이가 넣은 골의 수는 내가 넣은 골의 수보다 1만큼 더 작은 수야.   (하중)

내가 넣은 골의 수는 5보다 1만큼 더 큰 수야.   (정민)

❶ 정민이가 넣은 골의 수는?

(예) 5보다 1만큼 더 큰 수는 6입니다. ⇨ 6골

❷ 하중이가 넣은 골의 수는?

(예) 6은 하중이가 넣은 골의 수보다 1만큼 더 작은 수입니다.
하중이가 넣은 골의 수는 6보다 1만큼 더 큰 수인 7입니다. ⇨ 7골

답   <u>7골</u>

정답과 해설 4쪽

1

수 카드를 작은 수부터 놓을 때 / 앞에서 둘째에 놓이는 수를 구해 보세요.

→ 구해야 할 것

7 3 1 4 8

문제 돋보기

✓ 수 카드를 놓는 방법은?

→ 수 카드를 [작은] 수부터 놓기

★ 구해야 할 것은?

→ 앞에서 둘째에 놓이는 수

풀이 과정

❶ 수 카드를 작은 수부터 놓으면?

7, 3, 1, 4, 8을 작은 수부터 놓으면

[1], [3], [4], [7], [8] 입니다.
└ 첫째

❷ 앞에서 둘째에 놓이는 수는?

위 ❶에서 앞에서 둘째에 놓이는 수는 [3] 입니다.

답 3

💡 왼쪽 ❶번과 같이 문제에 색칠하고 밑줄을 그어 가며 문제를 풀어 보세요.

1-1 수 카드를 큰 수부터 놓을 때 / 앞에서 넷째에 놓이는 수를 구해 보세요.

2 5 9 7 6 3

문제 돋보기

✓ 수 카드를 놓는 방법은?

→ 수 카드를 [큰] 수부터 놓기

★ 구해야 할 것은?

→ (예) 앞에서 넷째에 놓이는 수

풀이 과정

❶ 수 카드를 큰 수부터 놓으면?

2, 5, 9, 7, 6, 3을 큰 수부터 놓으면

[9], [7], [6], [5], [3], [2] 입니다.

❷ 앞에서 넷째에 놓이는 수는?

위 ❶에서 앞에서 넷째에 놓이는 수는 [5] 입니다.

답 5

문제가 어려
□ 어려워요
□ 적당해요 >_<
□ 쉬워요 =○<

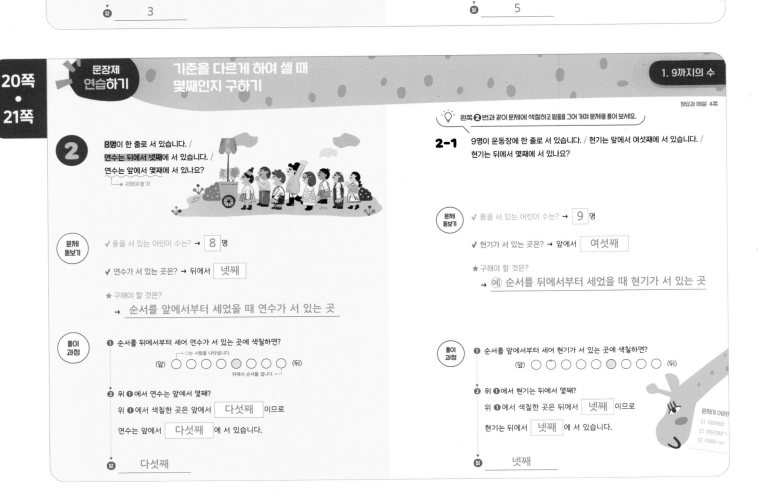

정답과 해설 4쪽

2

8명이 한 줄로 서 있습니다. / 연수는 뒤에서 넷째에 서 있습니다. / 연수는 앞에서 몇째에 서 있나요?

→ 구해야 할 것

문제 돋보기

✓ 줄을 서 있는 어린이 수는? → [8] 명

✓ 연수가 서 있는 곳은? → 뒤에서 [넷째]

★ 구해야 할 것은?

→ 순서를 앞에서부터 세었을 때 연수가 서 있는 곳

풀이 과정

❶ 순서를 뒤에서부터 세어 연수가 서 있는 곳에 색칠하면?

(앞) ○○○○○○○○ (뒤)
○는 사람을 나타냅니다.
뒤에서 순서를 셉니다.

❷ 위 ❶에서 연수는 앞에서 몇째?

위 ❶에서 색칠한 곳은 앞에서 [다섯째] 이므로

연수는 앞에서 [다섯째] 에 서 있습니다.

답 다섯째

💡 왼쪽 ❷번과 같이 문제에 색칠하고 밑줄을 그어 가며 문제를 풀어 보세요.

2-1 9명이 운동장에 한 줄로 서 있습니다. / 현기는 앞에서 여섯째에 서 있습니다. / 현기는 뒤에서 몇째에 서 있나요?

문제 돋보기

✓ 줄을 서 있는 어린이 수는? → [9] 명

✓ 현기가 서 있는 곳은? → 앞에서 [여섯째]

★ 구해야 할 것은?

→ (예) 순서를 뒤에서부터 세었을 때 현기가 서 있는 곳

풀이 과정

❶ 순서를 앞에서부터 세어 현기가 서 있는 곳에 색칠하면?

(앞) ○○○○○○○○○ (뒤)

❷ 위 ❶에서 현기는 뒤에서 몇째?

위 ❶에서 색칠한 곳은 뒤에서 [넷째] 이므로

현기는 뒤에서 [넷째] 에 서 있습니다.

답 넷째

문제가 어려
□ 어려워요
□ 적당해요
□ 쉬워요 >_<

정답과 해설 5쪽

문제를 읽고 '연습하기'에서 했던 것처럼 밑줄을 그어 가며 문제를 풀어 보세요.

1 수 카드를 작은 수부터 놓을 때 앞에서 셋째에 놓이는 수를 구해 보세요.

[4] [8] [1] [5] [2]

❶ 수 카드를 작은 수부터 놓으면?
(예) 4, 8, 1, 5, 2를 작은 수부터 놓으면 1, 2, 4, 5, 8입니다.

❷ 앞에서 셋째에 놓이는 수는?
(예) 앞에서 첫째에 놓이는 수는 1, 둘째에 놓이는 수는 2, 셋째에 놓이는 수는 4입니다.

답 ___4___

3 수 카드를 큰 수부터 놓을 때 뒤에서 다섯째에 놓이는 수를 구해 보세요.

[5] [9] [0] [7] [6] [3]

❶ 수 카드를 큰 수부터 놓으면?
(예) 5, 9, 0, 7, 6, 3을 큰 수부터 놓으면 9, 7, 6, 5, 3, 0입니다.

❷ 뒤에서 다섯째에 놓이는 수는?
(예) 뒤에서 첫째에 놓이는 수는 0, 둘째에 놓이는 수는 3, 셋째에 놓이는 수는 5, 넷째에 놓이는 수는 6, 다섯째에 놓이는 수는 7입니다.

답 ___7___

2 7명이 한 줄로 서 있습니다. 중원이는 앞에서 셋째에 서 있습니다. 중원이는 뒤에서 몇째에 서 있나요?

❶ ◯를 7개 그린 다음 순서를 앞에서부터 세어 중원이가 서 있는 곳에 색칠하면?
(예) (앞) ◯ ◯ ● ◯ ◯ ◯ ◯ (뒤)

❷ 위 ❶에서 중원이는 뒤에서 몇째?
(예) 위 ❶에서 색칠한 곳은 뒤에서 다섯째이므로 중원이는 뒤에서 다섯째에 서 있습니다.

답 ___다섯째___

4 주호네 모둠은 8명입니다. 모둠 학생들이 키가 큰 순서대로 한 줄로 섰더니 주호가 앞에서 넷째가 되었습니다. 키가 작은 순서대로 다시 줄을 서면 주호는 앞에서 몇째에 서 있게 되나요?

❶ ◯를 8개 그린 다음 순서를 큰 학생부터 세어 주호가 서 있는 곳에 색칠하면?
(예) (크다) ◯ ◯ ◯ ● ◯ ◯ ◯ ◯ (작다)

❷ 위 ❶에서 키가 작은 순서대로 줄을 서면 주호는 앞에서 몇째?
(예) 위 ❶에서 색칠한 곳은 오른쪽에서 다섯째이므로 키가 작은 순서대로 줄을 서면 주호는 앞에서 다섯째에 서 있게 됩니다.

답 ___다섯째___

정답과 해설 5쪽

왼쪽 ❶번과 같이 문제에 색칠하고 밑줄을 그어 가며 문제를 풀어 보세요.

① 맛이 각각 다른 사탕을 한 줄로 놓았습니다. / 자두 맛 사탕은 왼쪽에서 둘째, / 오른쪽에서 다섯째에 놓여 있습니다. / 사탕은 모두 몇 개인가요?
→ 구해야 할 것

문제 돋보기
✓ 자두 맛 사탕은 왼쪽에서 몇째? → 왼쪽에서 [둘째]
✓ 자두 맛 사탕은 오른쪽에서 몇째? → 오른쪽에서 [다섯째]
★ 구해야 할 것은?
→ 전체 사탕의 수

풀이 과정
❶ 왼쪽에서 둘째까지 ◯를 그려서 둘째에 색칠하고, 색칠한 ◯가 오른쪽에서 다섯째가 되도록 ◯를 그리면?
(왼쪽) ◯ ● ◯ ◯ ◯ ◯ (오른쪽)

❷ 사탕은 모두 몇 개?
위 ❶에서 그린 ◯는 모두 [6] 개이므로
사탕은 모두 [6] 개입니다.

답 ___6개___

①-1 학생들이 한 줄로 서서 / 달리기를 하고 있습니다. / 주안이는 앞에서 넷째, / 뒤에서 넷째로 달리고 있습니다. / 달리기를 하는 학생은 / 모두 몇 명인가요?

문제 돋보기
✓ 주안이는 앞에서 몇째? → 앞에서 [넷째]
✓ 주안이는 뒤에서 몇째? → 뒤에서 [넷째]
★ 구해야 할 것은?
→ (예) 달리기를 하는 전체 학생 수

풀이 과정
❶ 앞에서 넷째까지 ◯를 그려서 넷째에 색칠하고, 색칠한 ◯가 뒤에서 넷째가 되도록 ◯를 그리면?
(앞) ◯ ◯ ◯ ● ◯ ◯ ◯ (뒤)

❷ 달리기를 하는 학생 수는?
위 ❶에서 그린 ◯는 모두 [7] 개이므로
학생은 모두 [7] 명입니다.

답 ___7명___

문제가 어려

5

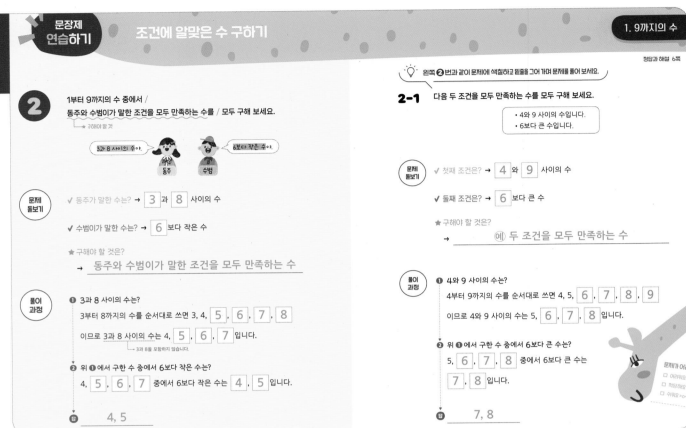

2 1부터 9까지의 수 중에서 / 동주와 수범이가 말한 조건을 모두 만족하는 수를 / 모두 구해 보세요.

→ 구해야 할 것

3과 8 사이의 수야. (동주)   6보다 작은 수야. (수범)

문제 돌보기

✓ 동주가 말한 수는? → 3 과 8 사이의 수

✓ 수범이가 말한 수는? → 6 보다 작은 수

★ 구해야 할 것은?

→ 동주와 수범이가 말한 조건을 모두 만족하는 수

풀이 과정

❶ 3과 8 사이의 수는?

3부터 8까지의 수를 순서대로 쓰면 3, 4, 5 , 6 , 7 , 8

이므로 3과 8 사이의 수는 4, 5 , 6 , 7 입니다.

→ 3과 8을 포함하지 않습니다.

❷ 위 ❶에서 구한 수 중에서 6보다 작은 수는?

4, 5 , 6 , 7 중에서 6보다 작은 수는 4 , 5 입니다.

답   4, 5

💡 왼쪽 ❷번과 같이 문제에 색칠하고 밑줄을 그어 가며 문제를 풀어 보세요.

2-1 다음 두 조건을 모두 만족하는 수를 모두 구해 보세요.

• 4와 9 사이의 수입니다.
• 6보다 큰 수입니다.

문제 돌보기

✓ 첫째 조건은? → 4 와 9 사이의 수

✓ 둘째 조건은? → 6 보다 큰 수

★ 구해야 할 것은?

→   (예) 두 조건을 모두 만족하는 수

풀이 과정

❶ 4와 9 사이의 수는?

4부터 9까지의 수를 순서대로 쓰면 4, 5, 6 , 7 , 8 , 9

이므로 4와 9 사이의 수는 5, 6 , 7 , 8 입니다.

❷ 위 ❶에서 구한 수 중에서 6보다 큰 수는?

5, 6 , 7 , 8 중에서 6보다 큰 수는

7 , 8 입니다.

답   7, 8

문제가 어려웠나요?
□ 어려워요
□ 적당해요
□ 쉬워요

  문제를 읽고 '연습하기'에서 했던 것처럼 밑줄을 그어 가며 문제를 풀어 보세요.

1 학생들이 한 줄로 서서 달리기를 하고 있습니다. 혜지는 앞에서 여섯째, 뒤에서 첫째로 달리고 있습니다. 달리기를 하는 학생은 모두 몇 명인가요?

❶ 앞에서 여섯째까지 ◯를 그려서 여섯째에 색칠하고, 색칠한 ◯가 뒤에서 첫째가 되도록 ◯를 그리면?

(예) (앞) ◯ ◯ ◯ ◯ ◯ ● (뒤)

❷ 달리기를 하는 학생 수는?

(예) 위 ❶에서 그린 ◯는 모두 6개이므로 달리기를 하는 학생은 모두 6명입니다.

답   6명

2 다음 두 조건을 모두 만족하는 수를 구해 보세요.

• 5와 9 사이의 수입니다.
• 7보다 작은 수입니다.

❶ 5와 9 사이의 수는?

(예) 5부터 9까지의 수를 순서대로 쓰면 5, 6, 7, 8, 9이므로 5와 9 사이의 수는 6, 7, 8입니다.

❷ 위 ❶에서 구한 수 중에서 7보다 작은 수는?

(예) 6, 7, 8 중에서 7보다 작은 수는 6입니다.

답   6

3 쌓기나무를 한 줄로 위로 쌓았습니다. 빨간색 쌓기나무는 위에서 셋째, 아래에서 일곱째에 있습니다. 쌓은 쌓기나무는 모두 몇 개인가요?

❶ 위에서 셋째까지 ◯를 그려서 셋째에 색칠하고, 색칠한 ◯가 아래에서 일곱째가 되도록 ◯를 그리면?

(예) (위) ◯ ◯ ● ◯ ◯ ◯ ◯ ◯ ◯ (아래)

❷ 쌓은 쌓기나무 수는?

(예) 위 ❶에서 그린 ◯는 모두 9개이므로 쌓은 쌓기나무는 모두 9개입니다.

답   9개

4 1부터 9까지의 수 중에서 재빈이와 윤서가 말한 두 조건을 만족하는 수를 모두 구해 보세요.

• 재빈: 1과 7 사이의 수야.
• 윤서: 4와 8 사이의 수야.

❶ 재빈이가 말한 수는?

(예) 1부터 7까지의 수를 순서대로 쓰면 1, 2, 3, 4, 5, 6, 7이므로 1과 7 사이의 수는 2, 3, 4, 5, 6입니다.

❷ 윤서가 말한 수는?

(예) 4부터 8까지의 수를 순서대로 쓰면 4, 5, 6, 7, 8이므로 4와 8 사이의 수는 5, 6, 7입니다.

❸ 위 ❶과 ❷에서 구한 공통인 수는?

(예) 2, 3, 4, 5, 6과 5, 6, 7에서 공통인 수는 5, 6입니다.

답   5, 6

1 14쪽 몇째와 몇째 사이에 있는 것 구하기
손을 씻기 위해 6명이 한 줄로 서 있습니다. 앞에서부터 서 있는 어린이의 이름은 지후, 동영, 윤하, 현석, 강준, 채린입니다. 앞에서 둘째와 넷째 사이에 있는 어린이의 이름을 써 보세요.

풀이 예 앞에서 둘째에 있는 어린이는 동영입니다.
앞에서 넷째에 있는 어린이는 현석입니다.
따라서 동영이와 현석이 사이에 있는 어린이의 이름은 윤하입니다.

답 ___윤하___

2 12쪽 1만큼 더 큰 수, 1만큼 더 작은 수
현수와 친구들이 가지고 있는 구슬의 수입니다. 현수는 구슬을 5개 가지고 있다면 종욱이가 가지고 있는 구슬은 몇 개인가요?

• 민호는 현수보다 구슬을 1개 더 많이 가지고 있습니다.
• 종욱이는 민호보다 구슬을 1개 더 많이 가지고 있습니다.

풀이 예 5보다 1만큼 더 큰 수는 6이므로 민호가 가지고 있는 구슬은 6개입니다.
6보다 1만큼 더 큰 수는 7이므로 종욱이가 가지고 있는 구슬은 7개입니다.

답 ___7개___

3 18쪽 수 카드를 순서대로 놓을 때 몇째의 수 구하기
수 카드를 작은 수부터 놓을 때 앞에서 넷째에 놓이는 수를 구해 보세요.

| 3 | 8 | 4 | 1 | 9 |

풀이 예 3, 8, 4, 1, 9를 작은 수부터 놓으면 1, 3, 4, 8, 9입니다.
따라서 앞에서 넷째에 놓이는 수는 8입니다.

답 ___8___

4 14쪽 몇째와 몇째 사이에 있는 것 구하기
9명이 한 줄로 서 있습니다. 앞에서 넷째와 여덟째 사이에 서 있는 사람은 모두 몇 명인가요?

풀이 예 ◯를 9개 그린 다음 앞에서 넷째와 여덟째에 색칠합니다.
(앞) ◯◯◯●◯◯◯●◯ (뒤)
따라서 넷째와 여덟째 사이에 서 있는 사람은 모두 3명입니다.

답 ___3명___

5 26쪽 조건에 알맞은 수 구하기
다음 두 조건을 모두 만족하는 수를 모두 구해 보세요.

• 1과 6 사이의 수입니다.   • 3보다 큰 수입니다.

풀이 예 1부터 6까지의 수를 순서대로 쓰면 1, 2, 3, 4, 5, 6이므로 1과 6 사이의 수는 2, 3, 4, 5입니다.
따라서 2, 3, 4, 5 중에서 3보다 큰 수는 4, 5입니다.

답 ___4, 5___

---

6 18쪽 수 카드를 순서대로 놓을 때 뒤에서 몇째의 수 구하기
수 카드를 큰 수부터 놓을 때 뒤에서 셋째에 놓이는 수를 구해 보세요.

| 7 | 0 | 5 | 3 | 6 | 8 |

풀이 예 7, 0, 5, 3, 6, 8을 큰 수부터 놓으면 8, 7, 6, 5, 3, 0입니다.
뒤에서 첫째에 놓이는 수가 0이므로 뒤에서 셋째에 놓이는 수는 5입니다.

답 ___5___

7 20쪽 기준을 다르게 하여 셀 때 몇째인지 구하기
6명이 운동장에 한 줄로 서 있습니다. 예진이는 뒤에서 둘째에 서 있습니다. 예진이는 앞에서 몇째에 서 있나요?

풀이 예 ◯를 6개 그린 다음 순서를 뒤에서부터 세어 예진이가 서 있는 곳에 색칠합니다.
(앞) ◯◯◯◯●◯ (뒤)
따라서 예진이는 앞에서 다섯째에 서 있습니다.

답 ___다섯째___

8 24쪽 수의 순서를 이용하여 전체의 수 구하기
맛이 각각 다른 젤리를 한 줄로 놓았습니다. 레몬 맛 젤리는 왼쪽에서 다섯째, 오른쪽에서 넷째에 놓여 있습니다. 젤리는 모두 몇 개인가요?

풀이 예 왼쪽에서 다섯째까지 ◯를 그려서 다섯째에 색칠하고, 색칠한 ●가 오른쪽에서 넷째가 되도록 ◯를 그립니다.
(왼쪽) ◯◯◯◯●◯◯◯ (오른쪽)
그린 ◯는 모두 8개이므로 젤리는 모두 8개입니다.

답 ___8개___

9 20쪽 기준을 다르게 하여 셀 때 몇째인지 구하기
연아네 모둠은 9명입니다. 모둠 학생들이 키가 작은 순서대로 한 줄로 섰더니 연아가 앞에서 둘째가 되었습니다. 키가 큰 순서대로 다시 줄을 서면 연아는 앞에서 몇째에 서게 되나요?

풀이 예 ◯를 9개 그린 다음 순서를 키가 작은 학생부터 세어 연아가 서 있는 곳에 색칠합니다.
(작다) ◯●◯◯◯◯◯◯◯ (크다)
색칠한 곳은 오른쪽에서 여덟째이므로 키가 큰 순서대로 줄을 서면 연아는 앞에서 여덟째에 서게 됩니다.

답 ___여덟째___

10 12쪽 1만큼 더 큰 수, 1만큼 더 작은 수
26쪽 조건에 알맞은 수 구하기
도전문제
재성이가 가지고 있는 연필의 수는 은빈이가 가지고 있는 연필의 수보다 1만큼 더 큰 수입니다. 재성이가 가지고 있는 연필의 수가 6과 8 사이의 수라면 은빈이가 가지고 있는 연필은 몇 자루인가요?

❶ 재성이가 가지고 있는 연필의 수는?
예 6과 8 사이의 수는 7이므로 재성이가 가지고 있는 연필은 7자루입니다.

❷ 은빈이가 가지고 있는 연필의 수는?
예 7은 은빈이가 가지고 있는 연필의 수보다 1만큼 더 큰 수입니다.
은빈이가 가지고 있는 연필의 수는 7보다 1만큼 더 작은 수인 6이므로 은빈이가 가지고 있는 연필은 6자루입니다.

답 ___6자루___

2. 여러 가지 모양

36쪽 • 37쪽

문장제 준비하기

함께 이야기해요!

요리를 만들며 알맞은 모양에 ○표 해 보세요.

통조림통은 모두 (▭ , ▯ , ○) 모양이야.
평평한 부분과 둥근 부분이 있어.

사탕은 모두 (▭ , ▯ , ○) 모양이야.
둥근 부분만 있고, 어느 방향으로도 잘 굴러가.

과자 상자는 모두 (▭ , ▯ , ○) 모양이야.
잘 쌓을 수 있고, 잘 굴러가지 않아.

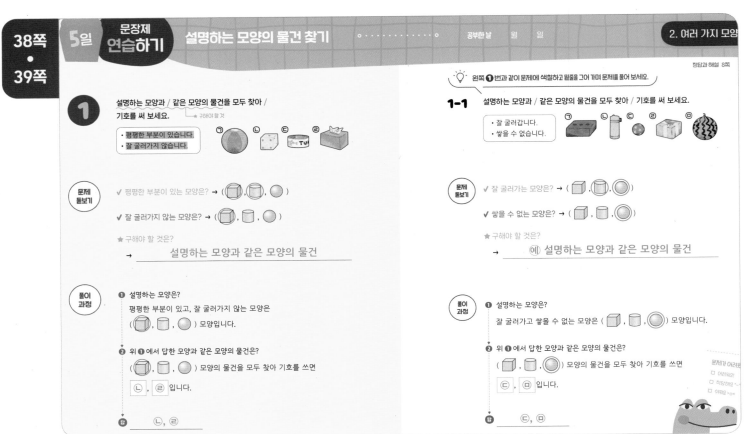

38쪽 • 39쪽

5일 문장제 연습하기   설명하는 모양의 물건 찾기 ○·········○ 공부한날 월 일

2. 여러 가지 모양

1 설명하는 모양과 / 같은 모양의 물건을 모두 찾아 / 기호를 써 보세요. └ 구해야 할 것

- 평평한 부분이 있습니다.
- 잘 굴러가지 않습니다.

ㄱ ㄴ ㄷ ㄹ

문제 돋보기

✓ 평평한 부분이 있는 모양은? → (▭ , ▯ , ○)

✓ 잘 굴러가지 않는 모양은? → (▭ , ▯ , ○)

★ 구해야 할 것은?
→ ____설명하는 모양과 같은 모양의 물건____

풀이 과정

❶ 설명하는 모양은?
평평한 부분이 있고, 잘 굴러가지 않는 모양은
(▭ , ▯ , ○) 모양입니다.

❷ 위 ❶에서 답한 모양과 같은 모양의 물건은?
(▭ , ▯ , ○) 모양의 물건을 모두 찾아 기호를 쓰면
ㄴ , ㄹ 입니다.

답 ____ㄴ, ㄹ____

💡 왼쪽 ❶번과 같이 문제에 색칠하고 밑줄을 그어 가며 문제를 풀어 보세요.

1-1 설명하는 모양과 / 같은 모양의 물건을 모두 찾아 / 기호를 써 보세요.

- 잘 굴러갑니다.
- 쌓을 수 없습니다.

ㄱ ㄴ ㄷ ㄹ ㅁ

문제 돋보기

✓ 잘 굴러가는 모양은? → (▭ , ▯ , ○)

✓ 쌓을 수 없는 모양은? → (▭ , ▯ , ○)

★ 구해야 할 것은?
→ ____예 설명하는 모양과 같은 모양의 물건____

풀이 과정

❶ 설명하는 모양은?
잘 굴러가고 쌓을 수 없는 모양은 (▭ , ▯ , ○) 모양입니다.

❷ 위 ❶에서 답한 모양과 같은 모양의 물건은?
(▭ , ▯ , ○) 모양의 물건을 모두 찾아 기호를 쓰면
ㄷ , ㅁ 입니다.

답 ____ㄷ, ㅁ____

문제가 어려우
☐ 어려워요
☐ 적당해요
☐ 쉬워요

문장제
연습하기

공통으로 있는 모양 찾기

2. 여러 가지 모양

40쪽
•
41쪽

정답과 해설 9쪽

문장제
실력쌓기

◆ 설명하는 모양의 물건 찾기
◆ 공통으로 있는 모양 찾기

2. 여러 가지 모양

42쪽
•
43쪽

정답과 해설 9쪽

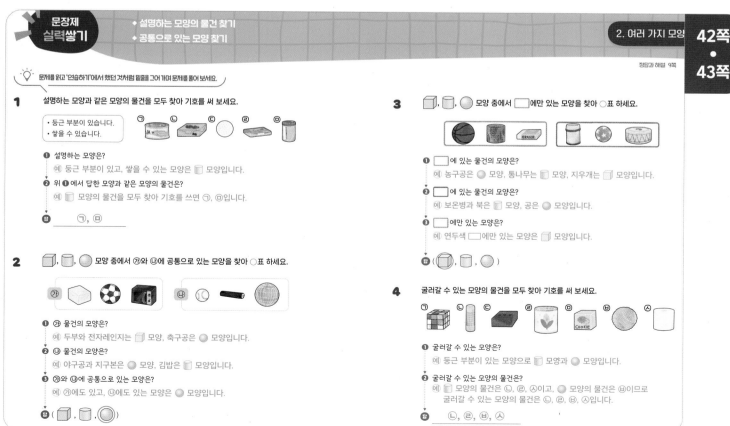

정답과 해설 10쪽

1 규칙에 따라 ▱, ▱, ○ 모양을 늘어놓고 있습니다. / 13째에는 어떤 모양이 놓이는지 / 알맞은 모양을 찾아 ○표 하세요. ★구해야 할 것

문제 돋보기

✓ 놓이는 모양의 순서는?
→ 첫째에는 ▱ 모양, 둘째에는 (▱ , ▱ , ○) 모양,
셋째에는 (▱ , ▱ , ○) 모양이 놓입니다.

★ 구해야 할 것은?
→ 13째에 놓이는 모양

풀이 과정

❶ 모양을 늘어놓은 규칙은?
▱ , ○ , ▱ 모양이 반복되는 규칙입니다.

❷ 13째에 놓이는 모양은?
10째에 ▱ 모양이 놓여 있으므로 11째에는 ○ 모양,
12째에 ▱ 모양, 13째에 ▱ 모양이 놓이게 됩니다.

답 (▱ , ▱ , ○)

💡 왼쪽 ❶번과 같이 문제에 색칠하고 밑줄을 그어 가며 문제를 풀어 보세요.

1-1 규칙에 따라 ▱, ▱, ○ 모양을 늘어놓고 있습니다. / 16째에는 어떤 모양이 놓이는지 / 알맞은 모양을 찾아 ○표 하세요.

문제 돋보기

✓ 놓이는 모양의 순서는?
→ 첫째에는 ○ 모양, 둘째에는 (▱ , ▱ , ○) 모양,
셋째에는 (▱ , ▱ , ○) 모양,
넷째에는 (▱ , ▱ , ○) 모양이 놓입니다.

★ 구해야 할 것은?
→ 예 16째에 놓이는 모양

풀이 과정

❶ 모양을 늘어놓은 규칙은?
○ , ▱ , ▱ , ○ 모양이 반복되는 규칙입니다.

❷ 16째에 놓이는 모양은?
12째에 ○ 모양이 놓여 있으므로 13째에는 ○ 모양,
14째에는 ▱ 모양, 15째에는 ▱ 모양, 16째에는 ○
모양이 놓이게 됩니다.

답 (▱ , ▱ , ○)

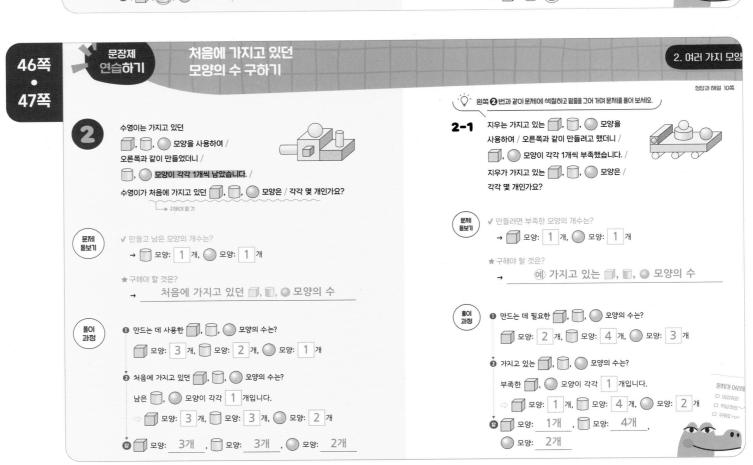

정답과 해설 10쪽

2 수영이는 가지고 있던 / ▱, ▱, ○ 모양을 사용하여 / 오른쪽과 같이 만들었더니 / ▱, ○ 모양이 각각 1개씩 남았습니다. / 수영이가 처음에 가지고 있던 ▱, ▱, ○ 모양은 / 각각 몇 개인가요?
★구해야 할 것

문제 돋보기

✓ 만들고 남은 모양의 개수는?
→ ▱ 모양: 1 개, ○ 모양: 1 개

★ 구해야 할 것은?
→ 처음에 가지고 있던 ▱, ▱, ○ 모양의 수

풀이 과정

❶ 만드는 데 사용한 ▱, ▱, ○ 모양의 수는?
▱ 모양: 3 개, ▱ 모양: 2 개, ○ 모양: 1 개

❷ 처음에 가지고 있던 ▱, ▱, ○ 모양의 수는?
남은 ▱, ○ 모양이 각각 1 개입니다.
➡ ▱ 모양: 3 개, ▱ 모양: 3 개, ○ 모양: 2 개

답 ▱ 모양: 3개 , ▱ 모양: 3개 , ○ 모양: 2개

💡 왼쪽 ❷번과 같이 문제에 색칠하고 밑줄을 그어 가며 문제를 풀어 보세요.

2-1 지우는 가지고 있는 ▱, ▱, ○ 모양을 사용하여 / 오른쪽과 같이 만들려고 했더니 / ▱, ○ 모양이 각각 1개씩 부족했습니다. / 지우가 가지고 있는 ▱, ▱, ○ 모양은 / 각각 몇 개인가요?

문제 돋보기

✓ 만들려면 부족한 모양의 개수는?
→ ▱ 모양: 1 개, ○ 모양: 1 개

★ 구해야 할 것은?
→ 예 가지고 있는 ▱, ▱, ○ 모양의 수

풀이 과정

❶ 만드는 데 필요한 ▱, ▱, ○ 모양의 수는?
▱ 모양: 2 개, ▱ 모양: 4 개, ○ 모양: 3 개

❷ 가지고 있는 ▱, ▱, ○ 모양의 수는?
부족한 ▱, ○ 모양이 각각 1 개입니다.
➡ ▱ 모양: 1 개, ▱ 모양: 4 개, ○ 모양: 2 개

답 ▱ 모양: 1개 , ▱ 모양: 4개 ,
○ 모양: 2개

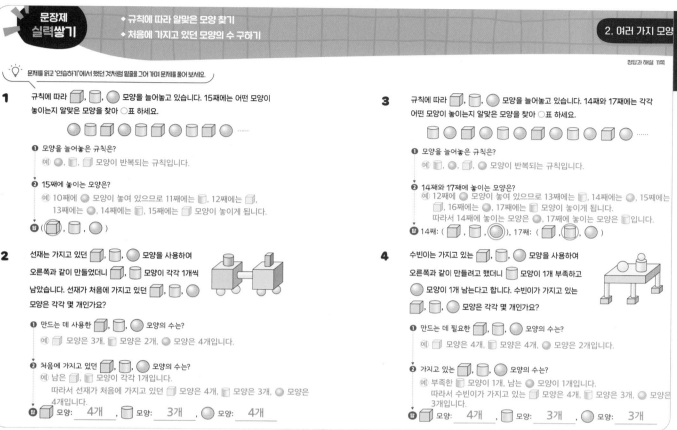

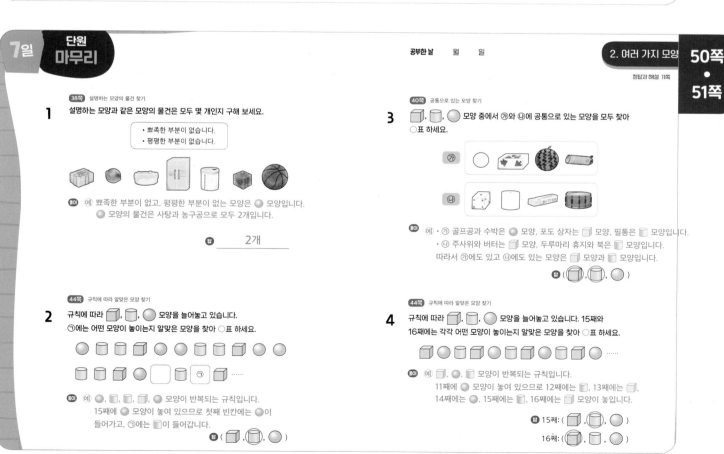

문장제 실력쌓기

◆ 규칙에 따라 알맞은 모양 찾기
◆ 처음에 가지고 있던 모양의 수 구하기

정답과 해설 11쪽

문제를 읽고 '연습하기'에서 했던 것처럼 밑줄을 그어 가며 문제를 풀어 보세요.

1 규칙에 따라 ▢, ▢, ◯ 모양을 늘어놓고 있습니다. 15째에는 어떤 모양이 놓이는지 알맞은 모양을 찾아 ◯표 하세요.

❶ 모양을 늘어놓은 규칙은?

(예) ◯, ▢, ▢ 모양이 반복되는 규칙입니다.

❷ 15째에 놓이는 모양은?

(예) 10째에 ◯ 모양이 놓여 있으므로 11째에는 ▢, 12째에는 ▢, 13째에는 ◯, 14째에는 ▢, 15째에는 ▢ 모양이 놓이게 됩니다.

답 (▢ , ▢ , ◯)

2 선재는 가지고 있던 ▢, ▢, ◯ 모양을 사용하여 오른쪽과 같이 만들었더니 ▢, ▢ 모양이 각각 1개씩 남았습니다. 선재가 처음에 가지고 있던 ▢, ▢, ◯ 모양은 각각 몇 개인가요?

❶ 만드는 데 사용한 ▢, ▢, ◯ 모양의 수는?

(예) ▢ 모양은 3개, ▢ 모양은 2개, ◯ 모양은 4개입니다.

❷ 처음에 가지고 있던 ▢, ▢, ◯ 모양의 수는?

(예) 남은 ▢, ▢ 모양이 각각 1개입니다.
따라서 선재가 처음에 가지고 있던 ▢ 모양은 4개, ▢ 모양은 3개, ◯ 모양은 4개입니다.

답 ▢ 모양: ___4개___ , ▢ 모양: ___3개___ , ◯ 모양: ___4개___

3 규칙에 따라 ▢, ▢, ◯ 모양을 늘어놓고 있습니다. 14째와 17째에는 각각 어떤 모양이 놓이는지 알맞은 모양을 찾아 ◯표 하세요.

❶ 모양을 늘어놓은 규칙은?

(예) ▢, ◯, ▢, ◯ 모양이 반복되는 규칙입니다.

❷ 14째와 17째에 놓이는 모양은?

(예) 12째에 ◯ 모양이 놓여 있으므로 13째에는 ▢, 14째에는 ◯, 15째에는 ▢, 16째에는 ◯, 17째에는 ▢ 모양이 놓이게 됩니다.
따라서 14째에 놓이는 모양은 ◯, 17째에 놓이는 모양은 ▢입니다.

답 14째: (▢ , ▢ , ◯), 17째: (▢ , ▢ , ◯)

4 수빈이는 가지고 있는 ▢, ▢, ◯ 모양을 사용하여 오른쪽과 같이 만들려고 했더니 ▢ 모양이 1개 부족하고 ◯ 모양이 1개 남는다고 합니다. 수빈이가 가지고 있는 ▢, ▢, ◯ 모양은 각각 몇 개인가요?

❶ 만드는 데 필요한 ▢, ▢, ◯ 모양의 수는?

(예) ▢ 모양은 4개, ▢ 모양은 4개, ◯ 모양은 2개입니다.

❷ 가지고 있는 ▢, ▢, ◯ 모양의 수는?

(예) 부족한 ▢ 모양이 1개, 남는 ◯ 모양이 1개입니다.
따라서 수빈이가 가지고 있는 ▢ 모양은 4개, ▢ 모양은 3개, ◯ 모양은 3개입니다.

답 ▢ 모양: ___4개___ , ▢ 모양: ___3개___ , ◯ 모양: ___3개___

7일 단원 마무리

정답과 해설 11쪽

38쪽 설명하는 모양의 물건 찾기

1 설명하는 모양과 같은 모양의 물건은 모두 몇 개인지 구해 보세요.

• 뾰족한 부분이 없습니다.
• 평평한 부분이 없습니다.

풀이 (예) 뾰족한 부분이 없고, 평평한 부분이 없는 모양은 ◯ 모양입니다.
◯ 모양의 물건은 사탕과 농구공으로 모두 2개입니다.

답 ___2개___

44쪽 규칙에 따라 알맞은 모양 찾기

2 규칙에 따라 ▢, ▢, ◯ 모양을 늘어놓고 있습니다.
㉠에는 어떤 모양이 놓이는지 알맞은 모양을 찾아 ◯표 하세요.

풀이 (예) ◯, ▢, ▢, ◯ 모양이 반복되는 규칙입니다.
15째에 ◯ 모양이 놓여 있으므로 첫째 빈칸에는 ◯이 들어가고, ㉠에는 ▢이 들어갑니다.

답 (▢ , ▢ , ◯)

40쪽 공통으로 있는 모양 찾기

3 ▢, ▢, ◯ 모양 중에서 ㉮와 ㉯에 공통으로 있는 모양을 모두 찾아 ◯표 하세요.

풀이 (예) • ㉮ 골프공과 수박은 ◯ 모양, 포도 상자는 ▢ 모양, 필통은 ▢ 모양입니다.
• ㉯ 주사위와 버터는 ▢ 모양, 두루마리 휴지와 북은 ▢ 모양입니다.
따라서 ㉮에도 있고 ㉯에도 있는 모양은 ▢ 모양과 ▢ 모양입니다.

답 (▢ , ▢ , ◯)

44쪽 규칙에 따라 알맞은 모양 찾기

4 규칙에 따라 ▢, ▢, ◯ 모양을 늘어놓고 있습니다. 15째와 16째에는 각각 어떤 모양이 놓이는지 알맞은 모양을 찾아 ◯표 하세요.

풀이 (예) ▢, ◯, ▢ 모양이 반복되는 규칙입니다.
11째에 ◯ 모양이 놓여 있으므로 12째에는 ▢, 13째에는 ▢, 14째에는 ◯, 15째에는 ▢, 16째에는 ▢ 모양이 놓입니다.

답 15째: (▢ , ▢ , ◯)

16째: (▢ , ▢ , ◯)

38쪽 설명하는 모양의 물건 찾기

5 한쪽 방향으로만 잘 굴러가는 모양의 물건을 모두 찾아 기호를 써 보세요.

풀이 예 한쪽 방향으로만 잘 굴러가는 모양은 █ 모양입니다.
█ 모양의 물건은 ㉡, ㉤, ㉆입니다.

답　　　㉡, ㉤, ㉆

46쪽 처음에 가지고 있던 모양의 수 구하기

6 종민이는 가지고 있는 █, █, ● 모양을 사용하여 다음과 같이
만들려고 했더니 █, █ 모양이 각각 1개씩 부족했습니다.
종민이가 가지고 있는 █, █, ● 모양은 각각 몇 개인가요?

풀이 예 만드는 데 필요한 █ 모양은 2개, █ 모양은 4개, ● 모양은
4개입니다. 부족한 █, █ 모양이 각각 1개입니다.
따라서 종민이가 가지고 있는 █ 모양은 1개, █ 모양은 3개,
● 모양은 4개입니다.

답　█ 모양: 1개 , █ 모양: 3개 , ● 모양: 4개

46쪽 처음에 가지고 있던 모양의 수 구하기

7 재하는 가지고 있는 █, █, ● 모양을
사용하여 오른쪽과 같이 만들려고 했더니 █
모양이 1개 남고, ● 모양이 1개 부족했습니다.
재하가 가지고 있는 █, █, ● 모양은 각각 몇 개인가요?

풀이 예 만드는 데 필요한 █ 모양은 3개, █ 모양은 3개, ● 모양은
3개입니다. 남는 █ 모양이 1개, 부족한 ● 모양이 1개입니다.
따라서 재하가 가지고 있는 █ 모양은 3개, █ 모양은 4개, ● 모양은 2개입니다.

답　█ 모양: 3개 , █ 모양: 4개 , ● 모양: 2개

도전문제 **8**

44쪽 규칙에 따라 알맞은 모양 찾기

규칙에 따라 █, █, ● 모양을 늘어놓고 있습니다.
18째까지 놓을 때 █ 모양은 모두 몇 개인가요?

❶ 모양을 늘어놓은 규칙은?
예 █, ●, █, █ 모양이 반복되는 규칙입니다.

❷ 18째까지 놓이는 모양은?
예 12째에 █ 모양이 놓여 있으므로 13째에는 █, 14째에는 ●, 15째에는
█, 16째에는 █, 17째에는 █, 18째에는 ● 모양이 놓입니다.

❸ 18째까지 놓을 때 █ 모양의 수는?
예 18째까지 놓을 때 █ 모양은 모두 9개 놓이게 됩니다.

답　　　9개

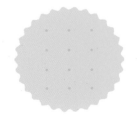

3. 덧셈과 뺄셈

문장제 준비하기

함께 이야기해요!
요리를 만들며 빈칸에 알맞은 수나 기호를 써 보세요.

흰색 달걀이 8개, 갈색 달걀이 3개 있네.

$8 - 3 = 5$ (개)이므로

흰색 달걀이 갈색 달걀보다 5 개 더 많아.

사과 주스가 2병, 물이 3병 있네.

2와 3을 모으기 하면 5 야.

왼쪽 나무에 오렌지가 7개,
오른쪽 나무에 오렌지가 0개 있어.
오렌지는 모두

$7 + 0 = 7$ (개)야.

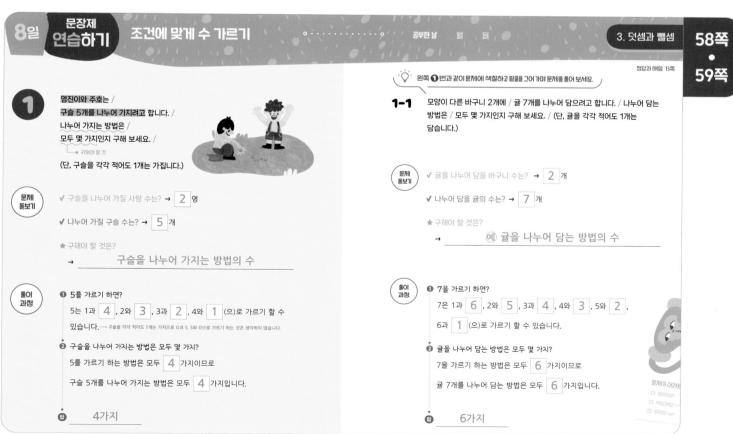

1 영진이와 주호는 / 구슬 5개를 나누어 가지려고 합니다. / 나누어 가지는 방법은 / 모두 몇 가지인지 구해 보세요. / ───★구해야 할 것 (단, 구슬을 각각 적어도 1개는 가집니다.)

문제 돋보기
✓ 구슬을 나누어 가질 사람 수는? → 2 명

✓ 나누어 가질 구슬 수는? → 5 개

★ 구해야 할 것은?
→   구슬을 나누어 가지는 방법의 수

풀이 과정
❶ 5를 가르기 하면?
5는 1과 4 , 2와 3 , 3과 2 , 4와 1 (으)로 가르기 할 수
있습니다. ──→ 구슬을 각각 적어도 1개는 가지므로 0과 5, 5와 0으로 가르기 하는 것은 생각하지 않습니다.

❷ 구슬을 나누어 가지는 방법은 모두 몇 가지?
5를 가르기 하는 방법은 모두 4 가지이므로

구슬 5개를 나누어 가지는 방법은 모두 4 가지입니다.

답   4가지

☀ 왼쪽 ❶번과 같이 문제에 색칠하고 밑줄을 그어 가며 문제를 풀어 보세요.

1-1 모양이 다른 바구니 2개에 / 귤 7개를 나누어 담으려고 합니다. / 나누어 담는 방법은 / 모두 몇 가지인지 구해 보세요. / (단, 귤을 각각 적어도 1개는 담습니다.)

문제 돋보기
✓ 귤을 나누어 담을 바구니 수는? → 2 개

✓ 나누어 담을 귤의 수는? → 7 개

★ 구해야 할 것은?
→   예) 귤을 나누어 담는 방법의 수

풀이 과정
❶ 7을 가르기 하면?
7은 1과 6 , 2와 5 , 3과 4 , 4와 3 , 5와 2 ,
6과 1 (으)로 가르기 할 수 있습니다.

❷ 귤을 나누어 담는 방법은 모두 몇 가지?
7을 가르기 하는 방법은 모두 6 가지이므로

귤 7개를 나누어 담는 방법은 모두 6 가지입니다.

답   6가지

문제가 어려웠
☐ 어려워요
☐ 적당해요
☐ 쉬워요

정답과 해설 14쪽

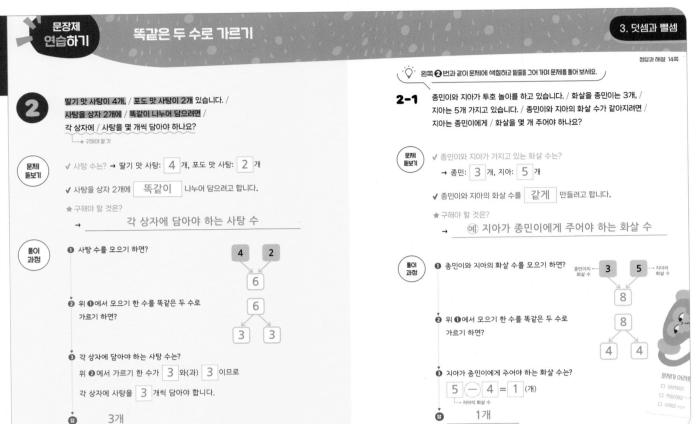

②

딸기 맛 사탕이 4개, / 포도 맛 사탕이 2개 있습니다. / 사탕을 상자 2개에 / 똑같이 나누어 담으려면 / 각 상자에 / 사탕을 몇 개씩 담아야 하나요?

↳ 구해야 할 것

문제 돋보기

✓ 사탕 수는? → 딸기 맛 사탕: 4 개, 포도 맛 사탕: 2 개

✓ 사탕을 상자 2개에 똑같이 나누어 담으려고 합니다.

★ 구해야 할 것은?
→ 각 상자에 담아야 하는 사탕 수

풀이 과정

❶ 사탕 수를 모으기 하면?
4   2 → 6

❷ 위 ❶에서 모으기 한 수를 똑같은 두 수로 가르기 하면?
6 → 3   3

❸ 각 상자에 담아야 하는 사탕 수는?
위 ❷에서 가르기 한 수가 3 와(과) 3 이므로
각 상자에 사탕을 3 개씩 담아야 합니다.

답   3개

왼쪽 ❷번과 같이 문제에 색칠하고 밑줄을 그어 가며 문제를 풀어 보세요.

2-1

종민이와 지아가 투호 놀이를 하고 있습니다. / 화살을 종민이는 3개, / 지아는 5개 가지고 있습니다. / 종민이와 지아의 화살 수가 같아지려면 / 지아는 종민이에게 / 화살을 몇 개 주어야 하나요?

문제 돋보기

✓ 종민이와 지아가 가지고 있는 화살 수는?
→ 종민: 3 개, 지아: 5 개

✓ 종민이와 지아의 화살 수를 같게 만들려고 합니다.

★ 구해야 할 것은?
→ (예) 지아가 종민이에게 주어야 하는 화살 수

풀이 과정

❶ 종민이와 지아의 화살 수를 모으기 하면?
종민이의 화살 수 3   5 지아의 화살 수 → 8

❷ 위 ❶에서 모으기 한 수를 똑같은 두 수로 가르기 하면?
8 → 4   4

❸ 지아가 종민이에게 주어야 하는 화살 수는?
5 − 4 = 1 (개)
↳ 지아의 화살 수

답   1개

문제가 어려운
□ 어려워요
□ 적당해요
□ 쉬워요

정답과 해설 14쪽

 문제를 읽고 '연습하기'에서 했던 것처럼 밑줄을 그어 가며 문제를 풀어 보세요.

1 채현이와 선우는 색종이 4장을 나누어 가지려고 합니다. 나누어 가지는 방법은 모두 몇 가지인지 구해 보세요. (단, 색종이를 각각 적어도 1장은 가집니다.)

❶ 4를 가르기 하면?
(예) 4는 1과 3, 2와 2, 3과 1로 가르기 할 수 있습니다.

❷ 색종이를 나누어 가지는 방법은 모두 몇 가지?
(예) 4를 가르기 하는 방법은 모두 3가지이므로 색종이 4장을 나누어 가지는 방법은 모두 3가지입니다.

답   3가지

2 빨간색 팽이가 1개, 파란색 팽이가 3개 있습니다. 주머니 2개에 팽이를 똑같이 나누어 담으려고 합니다. 각 주머니에 팽이를 몇 개씩 담아야 하나요?

❶ 팽이 수를 모으기 하면?
(예) 1   3 → 4

❷ 위 ❶에서 모으기 한 수를 똑같은 두 수로 가르기 하면?
(예) 4 → 2   2

❸ 각 주머니에 담아야 하는 팽이 수는?
(예) 위 ❷에서 가르기 한 수가 2와 2이므로 각 주머니에 팽이를 2개씩 담아야 합니다.

답   2개

3 오른쪽 두 상자에 구슬 8개를 나누어 담으려고 합니다. 나누어 담는 방법은 모두 몇 가지인지 구해 보세요. (단, 구슬을 각각 적어도 1개는 담습니다.)

❶ 8을 가르기 하면?
(예) 8은 1과 7, 2와 6, 3과 5, 4와 4, 5와 3, 6과 2, 7과 1로 가르기 할 수 있습니다.

❷ 구슬을 나누어 담는 방법은 모두 몇 가지?
(예) 8을 가르기 하는 방법은 모두 7가지이므로 구슬 8개를 나누어 담는 방법은 모두 7가지입니다.

답   7가지

4 쿠키를 선재는 2개, 현빈이는 6개 가지고 있습니다. 선재와 현빈이의 쿠키 수가 같아지려면 현빈이는 선재에게 쿠키를 몇 개 주어야 하나요?

❶ 선재와 현빈이의 쿠키 수를 모으기 하면?
(예) 2   6 → 8

❷ 위 ❶에서 모으기 한 수를 똑같은 두 수로 가르기 하면?
(예) 8 → 4   4

❸ 현빈이가 선재에게 주어야 하는 쿠키 수는?
(예) 현빈이는 선재에게 쿠키를 6 − 4 = 2(개) 주어야 합니다.

답   2개

9일 문장제 연습하기

가장 큰 수와 가장 작은 수의 차 구하기

공부한 날   월   일

3. 덧셈과 뺄셈

64쪽
●
65쪽

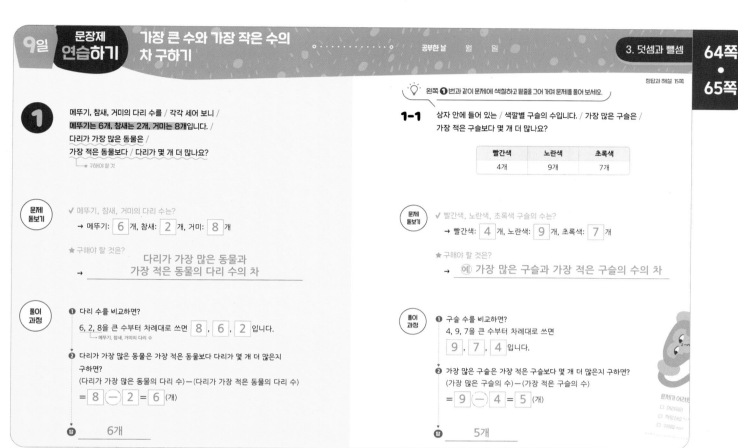

정답과 해설 15쪽

1 메뚜기, 참새, 거미의 다리 수를 / 각각 세어 보니 / 메뚜기는 6개, 참새는 2개, 거미는 8개입니다. / 다리가 가장 많은 동물은 / 가장 적은 동물보다 / 다리가 몇 개 더 많나요?
★ 구해야 할 것

문제 돋보기

✔ 메뚜기, 참새, 거미의 다리 수는?
→ 메뚜기: 6 개, 참새: 2 개, 거미: 8 개

★ 구해야 할 것은?
→ 다리가 가장 많은 동물과 가장 적은 동물의 다리 수의 차

풀이 과정

❶ 다리 수를 비교하면?
6, 2, 8을 큰 수부터 차례대로 쓰면 8 , 6 , 2 입니다.
→ 메뚜기, 참새, 거미의 다리 수

❷ 다리가 가장 많은 동물은 가장 적은 동물보다 다리가 몇 개 더 많은지 구하면?
(다리가 가장 많은 동물의 다리 수)−(다리가 가장 적은 동물의 다리 수)
= 8 − 2 = 6 (개)

답   6개

💡 왼쪽 ❶번과 같이 문제에 색칠하고 밑줄을 그어 가며 문제를 풀어 보세요.

1-1 상자 안에 들어 있는 / 색깔별 구슬의 수입니다. / 가장 많은 구슬은 / 가장 적은 구슬보다 몇 개 더 많나요?

빨간색	노란색	초록색
4개	9개	7개

문제 돋보기

✔ 빨간색, 노란색, 초록색 구슬의 수는?
→ 빨간색: 4 개, 노란색: 9 개, 초록색: 7 개

★ 구해야 할 것은?
→ 예 가장 많은 구슬과 가장 적은 구슬의 수의 차

풀이 과정

❶ 구슬 수를 비교하면?
4, 9, 7을 큰 수부터 차례대로 쓰면
9 , 7 , 4 입니다.

❷ 가장 많은 구슬은 가장 적은 구슬보다 몇 개 더 많은지 구하면?
(가장 많은 구슬의 수)−(가장 적은 구슬의 수)
= 9 − 4 = 5 (개)

답   5개

문제가 어려우

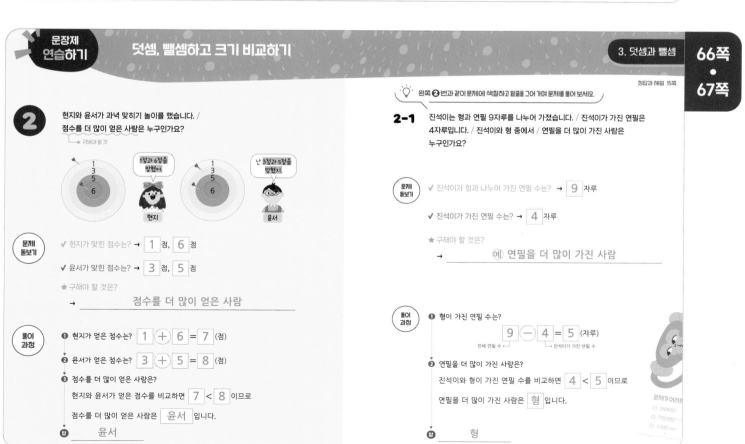

정답과 해설 15쪽

2 현지와 윤서가 과녁 맞히기 놀이를 했습니다. / 점수를 더 많이 얻은 사람은 누구인가요?
★ 구해야 할 것

1점과 6점을 맞혔어!
현지

난 3점과 5점을 맞혔지.
윤서

문제 돋보기

✔ 현지가 맞힌 점수는? → 1 점, 6 점

✔ 윤서가 맞힌 점수는? → 3 점, 5 점

★ 구해야 할 것은?
→ 점수를 더 많이 얻은 사람

풀이 과정

❶ 현지가 얻은 점수는? 1 + 6 = 7 (점)

❷ 윤서가 얻은 점수는? 3 + 5 = 8 (점)

❸ 점수를 더 많이 얻은 사람은?
현지와 윤서가 얻은 점수를 비교하면 7 < 8 이므로
점수를 더 많이 얻은 사람은 윤서 입니다.

답   윤서

💡 왼쪽 ❷번과 같이 문제에 색칠하고 밑줄을 그어 가며 문제를 풀어 보세요.

2-1 진석이는 형과 연필 9자루를 나누어 가졌습니다. / 진석이가 가진 연필은 4자루입니다. / 진석이와 형 중에서 / 연필을 더 많이 가진 사람은 누구인가요?

문제 돋보기

✔ 진석이가 형과 나누어 가진 연필 수는? → 9 자루

✔ 진석이가 가진 연필 수는? → 4 자루

★ 구해야 할 것은?
→ 예 연필을 더 많이 가진 사람

풀이 과정

❶ 형이 가진 연필 수는?
9 − 4 = 5 (자루)
전체 연필 수   진석이가 가진 연필 수

❷ 연필을 더 많이 가진 사람은?
진석이와 형이 가진 연필 수를 비교하면 4 < 5 이므로
연필을 더 많이 가진 사람은 형 입니다.

답   형

문제가 어려우

68쪽 • 69쪽

문장제 실력쌓기

◆ 가장 큰 수와 가장 작은 수의 차 구하기
◆ 덧셈, 뺄셈하고 크기 비교하기

3. 덧셈과 뺄셈

정답과 해설 16쪽

💡 문제를 읽고 '연습하기'에서 했던 것처럼 밑줄을 그어 가며 문제를 풀어 보세요.

1 초코 맛 아이스크림이 5개, 딸기 맛 아이스크림이 8개, 우유 맛 아이스크림이 4개 있습니다. 가장 많은 아이스크림은 가장 적은 아이스크림보다 몇 개 더 많나요?

❶ 아이스크림 수를 비교하면?
(예) 5, 8, 4를 큰 수부터 차례대로 쓰면 8, 5, 4입니다.

❷ 가장 많은 아이스크림은 가장 적은 아이스크림보다 몇 개 더 많은지 구하면?
(예) 가장 큰 수에서 가장 작은 수를 빼면 8−4=4입니다.
따라서 4개 더 많습니다.

달 ___4개___

2 왼쪽 주머니에는 빨간색 공깃돌 2개와 파란색 공깃돌 7개가 들어 있습니다. 오른쪽 주머니에는 빨간색 공깃돌 7개와 파란색 공깃돌 2개가 들어 있습니다. 두 주머니에 들어 있는 공깃돌 수를 비교해 보세요.

❶ 왼쪽 주머니에 들어 있는 공깃돌 수는?
(예) (빨간색 공깃돌 수)+(파란색 공깃돌 수)=2+7=9(개)

❷ 오른쪽 주머니에 들어 있는 공깃돌 수는?
(예) (빨간색 공깃돌 수)+(파란색 공깃돌 수)=7+2=9(개)

❸ 두 주머니에 들어 있는 공깃돌 수를 비교하면?
(예) 각각 9개로 같습니다.

달 ___(예) 같습니다.___

3 재호가 가지고 있는 색종이는 파란색 6장, 빨간색 2장, 주황색 7장, 노란색 9장입니다. 가장 많은 색종이는 가장 적은 색종이보다 몇 장 더 많나요?

❶ 색종이 수를 비교하면?
(예) 6, 2, 7, 9를 큰 수부터 차례대로 쓰면 9, 7, 6, 2입니다.

❷ 가장 많은 색종이는 가장 적은 색종이보다 몇 장 더 많은지 구하면?
(예) 가장 큰 수에서 가장 작은 수를 빼면 9−2=7입니다.
따라서 7장 더 많습니다.

달 ___7장___

4 가인이와 성호는 주사위 2개를 동시에 던져 나온 눈의 수의 합이 더 큰 사람이 이기는 놀이를 했습니다. 놀이에서 이긴 사람은 누구인가요?

가인   성호

❶ 가인이가 던져 나온 눈의 수의 합은?
(예) 가인이가 주사위를 던져 나온 주사위의 눈은 2, 5입니다. ⇨ 2+5=7

❷ 성호가 던져 나온 눈의 수의 합은?
(예) 성호가 주사위를 던져 나온 주사위의 눈은 4, 4입니다. ⇨ 4+4=8

❸ 놀이에서 이긴 사람은?
(예) 눈의 수의 합의 크기를 비교하면 7<8이므로 놀이에서 이긴 사람은 성호입니다.

달 ___성호___

70쪽 • 71쪽

10일 문장제 연습하기

합이 가장 큰(작은) 덧셈식 만들기 /
차가 가장 큰(작은) 뺄셈식 만들기

공부한 날   월   일

3. 덧셈과 뺄셈

정답과 해설 16쪽

1 4장의 수 카드 ③ , ④ , ① , ⑤ 중에서 / **2장**을 골라 /
합이 가장 큰 덧셈식을 만들었을 때, /
합을 구해 보세요.
└→ 구해야 할 것

문제 돋보기
✓ 골라야 하는 수 카드의 수는? → [2] 장

✓ 합이 가장 큰 덧셈식을 만들려면?
→ 되도록 (⑴큰, 작은) 수끼리 더해야 합니다.
└→ 알맞은 말에 ○표 하기

★ 구해야 할 것은?
→ ___합이 가장 큰 덧셈식의 합___

풀이 과정
❶ 합이 가장 크려면?
가장 (⑴큰, 작은) 수와 둘째로 (⑴큰, 작은) 수를 더합니다.

❷ 합이 가장 큰 덧셈식을 만들어 합을 구하면?
수 카드의 수를 큰 수부터 차례대로 쓰면
[5] , [4] , [3] , [1] 입니다.
따라서 합이 가장 큰 덧셈식을 만들어 합을 구하면
[5] [+] [4] = [9] 입니다.
└→ 가장 큰 수   └→ 둘째로 큰 수

달 ___9___

💡 왼쪽 ❶번과 같이 문제에 색칠하고 밑줄을 그어 가며 문제를 풀어 보세요.

1-1 4장의 수 카드 ⑧ , ⑦ , ② , ④ 중에서 / **2장**을 골라 /
차가 가장 큰 뺄셈식을 만들었을 때, / 차를 구해 보세요.

문제 돋보기
✓ 골라야 하는 수 카드의 수는? → [2] 장

✓ 차가 가장 큰 뺄셈식을 만들려면?
→ 되도록 (⑴큰, 작은) 수에서 되도록 (큰 ,⑴작은) 수를 빼야 합니다.

★ 구해야 할 것은?
→ ___(예) 차가 가장 큰 뺄셈식의 차___

풀이 과정
❶ 차가 가장 크려면?
가장 (⑴큰, 작은) 수에서 가장 (큰 ,⑴작은) 수를 뺍니다.

❷ 차가 가장 큰 뺄셈식을 만들어 차를 구하면?
수 카드의 수를 큰 수부터 차례대로 쓰면
[8] , [7] , [4] , [2] 입니다.
따라서 차가 가장 큰 뺄셈식을 만들어 차를 구하면
[8] [−] [2] = [6] 입니다.

달 ___6___

문제가 어려웠

☐ 어려워요
☐ 적당해요
☐ 쉬워요

2

놀이터에 남자 어린이 4명과 /
여자 어린이 4명이 있었습니다. /
그중에서 몇 명이 집으로 가고 나니 /
놀이터에 5명이 남았습니다. /
집으로 간 어린이는 몇 명인가요?

→ 구해야 할 것

문제 돋보기

✓ 놀이터에 있던 어린이 수는?

→ 남자 어린이: **4** 명, 여자 어린이: **4** 명

✓ 몇 명이 집으로 가고 나서 놀이터에 남은 어린이 수는? → **5** 명

★ 구해야 할 것은?

→ ___집으로 간 어린이 수___

풀이 과정

❶ 놀이터에 있던 어린이 수는?

4 ⊕ **4** = **8** (명)

└ 남자 어린이 수 ┘ └ 여자 어린이 수 ┘

❷ 집으로 간 어린이 수는?

(놀이터에 있던 어린이 수)−(집으로 간 어린이 수)=(남은 어린이 수)

이므로 **8** −(집으로 간 어린이 수)=5입니다.

└ 놀이터에 있던 어린이 수

8 − **3** =5이므로 집으로 간 어린이는 **3** 명입니다.

답 ___3명___

💡 왼쪽 **2** 번과 같이 문제에 색칠하고 밑줄을 그어 가며 문제를 풀어 보세요.

2-1 자두가 접시에 3개, / 냉장고에 4개 있었습니다. / 재성이가 그중에서
몇 개를 먹었더니 / 2개가 남았습니다. / 재성이가 먹은 자두는 몇 개인가요?

문제 돋보기

✓ 접시와 냉장고에 있던 자두 수는?

→ 접시: **3** 개, 냉장고: **4** 개

✓ 몇 개를 먹고 나서 남은 자두 수는? → **2** 개

★ 구해야 할 것은?

→ ___예 재성이가 먹은 자두 수___

풀이 과정

❶ 전체 자두 수는?

3 ⊕ **4** = **7** (개)

❷ 재성이가 먹은 자두 수는?

(전체 자두 수)−(먹은 자두 수)=(남은 자두 수)이므로

7 −(먹은 자두 수)=2입니다.

7 − **5** =2이므로 재성이가 먹은 자두는 **5** 개입니다.

답 ___5개___

문제가 어려우면
□ 어려워요
□ 적당해요
□ 쉬워요

문장제 실력쌓기

◆ 합이 가장 큰(작은) 덧셈식 만들기 /
차가 가장 큰(작은) 뺄셈식 만들기
◆ 더한(뺀) 수 구하기

3. 덧셈과 뺄셈

74쪽 • 75쪽

정답과 해설 17쪽

💡 문제를 읽고 '연습하기'에서 했던 것처럼 밑줄을 그어 가며 문제를 풀어 보세요.

1 4장의 수 카드 1, 3, 6, 2 중에서 2장을 골라 합이 가장 큰 덧셈식을
만들었을 때, 합을 구해 보세요.

❶ 합이 가장 크려면?

예 가장 큰 수와 둘째로 큰 수를 더합니다.

❷ 합이 가장 큰 덧셈식을 만들어 합을 구하면?

예 수 카드의 수를 큰 수부터 차례대로 쓰면 6, 3, 2, 1입니다.
따라서 합이 가장 큰 덧셈식을 만들어 합을 구하면 6+3=9입니다.

답 ___9___

2 흰색 바둑돌 1개와 검은색 바둑돌 4개가 있었습니다. 그중에서 몇 개를 통에
담았더니 3개가 남았습니다. 통에 담은 바둑돌은 몇 개인가요?

❶ 전체 바둑돌 수는?

예 1+4=5(개)

❷ 통에 담은 바둑돌 수는?

예 (전체 바둑돌 수)−(통에 담은 바둑돌 수)=(남은 바둑돌 수)이므로
5−(통에 담은 바둑돌 수)=3입니다.
5−2=3이므로 통에 담은 바둑돌은 2개입니다.

답 ___2개___

3 5장의 수 카드 4, 7, 9, 1, 3 중에서 2장을 골라 차가 가장 큰
뺄셈식을 만들었을 때, 차를 구해 보세요.

❶ 차가 가장 크려면?

예 가장 큰 수에서 가장 작은 수를 뺍니다.

❷ 차가 가장 큰 뺄셈식을 만들어 차를 구하면?

예 수 카드의 수를 큰 수부터 차례대로 쓰면 9, 7, 4, 3, 1입니다.
따라서 차가 가장 큰 뺄셈식을 만들어 차를 구하면 9−1=8입니다.

답 ___8___

4 빨간색 풍선 3개와 파란색 풍선 6개가 있었습니다. 그중에서 몇 개가 터지고
7개가 남았습니다. 터진 풍선은 몇 개인가요?

❶ 전체 풍선 수는?

예 3+6=9(개)

❷ 터진 풍선 수는?

예 (전체 풍선 수)−(터진 풍선 수)=(남은 풍선 수)이므로
9−(터진 풍선 수)=7입니다.
9−2=7이므로 터진 풍선은 2개입니다.

답 ___2개___

11일 문장제 **연습하기** 주고 받은 후의 수 구하기 ·············· 공부한 날 월 일

정답과 해설 18쪽

1
토마토를 윤하는 9개, / 석재는 4개 땄습니다. /
윤하가 석재에게 토마토를 2개 주었습니다. /
윤하와 석재는 / 토마토를 각각 몇 개 가지게 /
되나요? → 구해야 할 것

문제 돌보기
✓ 윤하와 석재가 딴 토마토 수는?
→ 윤하: 9 개, 석재: 4 개

✓ 윤하가 석재에게 준 토마토 수는? → 2 개

★ 구해야 할 것은?
→ 윤하와 석재가 각각 가지게 되는 토마토 수

풀이 과정
❶ 윤하가 가지게 되는 토마토 수는?
9 − 2 = 7 (개)
└ 윤하가 딴 토마토 수 └ 윤하가 석재에게 준 토마토 수

❷ 석재가 가지게 되는 토마토 수는?
4 + 2 = 6 (개)
└ 석재가 딴 토마토 수 └ 석재가 윤하에게 받은 토마토 수

답 윤하: 7개 , 석재: 6개

💡 왼쪽 ❶번과 같이 문제에 색칠하고 밑줄을 그어 가며 문제를 풀어 보세요.

1-1
딱지를 지석이는 3장, / 민중이는 6장 가지고 있었습니다. /
민중이가 지석이에게 딱지를 1장 주었습니다. / 지석이와 민중이는 /
딱지를 각각 몇 장 가지게 되나요?

문제 돌보기
✓ 지석이와 민중이가 가지고 있던 딱지 수는?
→ 지석: 3 장, 민중: 6 장

✓ 민중이가 지석이에게 준 딱지 수는? → 1 장

★ 구해야 할 것은?
→ 예 지석이와 민중이가 각각 가지게 되는 딱지 수

풀이 과정
❶ 지석이가 가지게 되는 딱지 수는?
3 + 1 = 4 (장)

❷ 민중이가 가지게 되는 딱지 수는?
6 − 1 = 5 (장)

답 지석: 4장 , 민중: 5장

문장제 **연습하기** 처음의 수 구하기

정답과 해설 18쪽

2
코끼리 열차에 몇 명이 타고 있었는데 /
회전목마 앞에서 6명이 내리고 /
7명이 탔습니다. /
지금 코끼리 열차에 / 타고 있는 사람이 9명이라면 /
처음 코끼리 열차에 / 타고 있던 사람은 몇 명인가요?
→ 구해야 할 것

문제 돌보기
✓ 회전목마 앞에서 내린 사람 수는? → 6 명

✓ 회전목마 앞에서 탄 사람 수는? → 7 명

✓ 지금 코끼리 열차에 타고 있는 사람 수는? → 9 명

★ 구해야 할 것은?
→ 처음 코끼리 열차에 타고 있던 사람 수

풀이 과정
❶ 7명이 타기 전의 사람 수는?
9 − 7 = 2 (명)
└ 지금 타고 있는 사람 수

❷ 처음 코끼리 열차에 타고 있던 사람 수는?
2 + 6 = 8 (명)
└ 7명이 타기 전의 사람 수 └ 내린 사람 수

답 8명

💡 왼쪽 ❷번과 같이 문제에 색칠하고 밑줄을 그어 가며 문제를 풀어 보세요.

2-1
지호는 공깃돌 몇 개를 가지고 있었습니다. / 친구에게 2개를 주고, / 형에게
5개를 받았더니 / 8개가 되었습니다. / 지호가 처음에 가지고 있던 공깃돌은 /
몇 개인가요?

문제 돌보기
✓ 친구에게 준 공깃돌 수는? → 2 개

✓ 형에게 받은 공깃돌 수는? → 5 개

✓ 지금 지호가 가지고 있는 공깃돌 수는? → 8 개

★ 구해야 할 것은?
→ 예 지호가 처음에 가지고 있던 공깃돌 수

풀이 과정
❶ 형에게 공깃돌을 받기 전의 공깃돌 수는?
8 − 5 = 3 (개)

❷ 지호가 처음에 가지고 있던 공깃돌 수는?
3 + 2 = 5 (개)

답 5개

문장제 실력쌓기

◆ 주고 받은 후의 수 구하기
◆ 처음의 수 구하기

3. 덧셈과 뺄셈

80쪽
•
81쪽

정답과 해설 19쪽

문제를 읽고 '연습하기'에서 했던 것처럼 밑줄을 그어 가며 문제를 풀어 보세요.

1 고구마를 연수와 강준이는 각각 7개씩 캤습니다. 연수가 강준이에게 고구마를 1개 주었습니다. 연수와 강준이는 고구마를 각각 몇 개씩 가지게 되나요?

❶ 연수가 가지게 되는 고구마 수는?
예 7−1=6(개)

❷ 강준이가 가지게 되는 고구마 수는?
예 7+1=8(개)

답 연수: ___6개___ , 강준: ___8개___

2 버스에 몇 명이 타고 있었는데 이번 정류장에서 2명이 내리고 6명이 탔습니다. 지금 버스에 타고 있는 사람이 7명이라면 처음 버스에 타고 있던 사람은 몇 명인가요?

❶ 6명이 타기 전의 사람 수는?
예 7−6=1(명)

❷ 처음 버스에 타고 있던 사람 수는?
예 1+2=3(명)

답 ___3명___

3 윤하는 구슬 몇 개를 가지고 있었습니다. 언니에게 4개를 받고, 동생에게 1개를 주었더니 7개가 되었습니다. 윤하가 처음에 가지고 있던 구슬은 몇 개인가요?

❶ 동생에게 구슬을 주기 전의 구슬 수는?
예 7+1=8(개)

❷ 윤하가 처음에 가지고 있던 구슬 수는?
예 8−4=4(개)

답 ___4개___

4 연필을 재석이는 2자루, 동하는 6자루 가지고 있었습니다. 동하가 재석이에게 연필을 3자루 주었습니다. 재석이와 동하 중 연필을 더 많이 가지게 되는 사람은 누구인가요?

❶ 재석이가 가지게 되는 연필 수는?
예 2+3=5(자루)

❷ 동하가 가지게 되는 연필 수는?
예 6−3=3(자루)

❸ 연필을 더 많이 가지게 되는 사람은?
예 두 사람이 가지게 되는 연필 수를 비교하면 5>3이므로 연필을 더 많이 가지게 되는 사람은 재석입니다.

답 ___재석___

12일 문장제 연습하기 덧셈과 뺄셈

공부한 날   월   일

3. 덧셈과 뺄셈

82쪽
•
83쪽

정답과 해설 19쪽

1 공원에 남학생이 3명 있습니다. / 여학생은 남학생보다 1명 더 많습니다. / 공원에 있는 학생은 / 모두 몇 명인가요?

→ 구해야 할 것

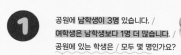

문제 돋보기

✓ 남학생 수는? → 3 명

✓ 여학생 수는?
→ 남학생보다 1 명 더 많습니다.

★ 구해야 할 것은?
→ ___공원에 있는 학생 수___

풀이 과정

❶ 공원에 있는 여학생은 몇 명?
3 + 1 = 4 (명)
남학생 수   +, − 중 알맞은 것 쓰기

❷ 공원에 있는 학생은 모두 몇 명?
3 + 4 = 7 (명)
남학생 수   여학생 수

답 ___7명___

왼쪽 ❶번과 같이 문제에 색칠하고 밑줄을 그어 가며 문제를 풀어 보세요.

1-1 햄스터가 해바라기씨를 아침에 5개 먹었고, / 저녁에는 아침보다 1개 더 적게 먹었습니다. / 햄스터가 아침과 저녁에 먹은 해바라기씨는 / 모두 몇 개인가요?

문제 돋보기

✓ 아침에 먹은 해바라기씨의 수는? → 5 개

✓ 저녁에 먹은 해바라기씨의 수는?
→ 아침에 먹은 해바라기씨의 수보다 1 개 더 적습니다.

★ 구해야 할 것은?
→ ___예 아침과 저녁에 먹은 해바라기씨의 수___

풀이 과정

❶ 저녁에 먹은 해바라기씨는 몇 개?
5 − 1 = 4 (개)

❷ 아침과 저녁에 먹은 해바라기씨는 모두 몇 개?
5 + 4 = 9 (개)

답 ___9개___

문장제 연습하기

합, 차가 주어졌을 때 두 수 구하기

정답과 해설 20쪽

2 혜인이는 꽃병에 장미와 백합을 꽂았습니다. / 장미 수와 백합 수를 더하면 4송이이고, / 장미 수에서 백합 수를 빼면 2송이입니다. / 장미와 백합은 각각 몇 송이인가요?

↳ 구해야 할 것

문제 돋보기

✓ 장미 수와 백합 수를 더하면? → **4** 송이

✓ 장미 수에서 백합 수를 빼면? → **2** 송이

★ 구해야 할 것?

→ ___장미 수와 백합 수___

풀이 과정

❶ 합이 4인 덧셈식은?

0+ **4** =4, 1+ **3** =4, 2+ **2** =4

❷ 위 ❶에서 구한 덧셈식 중 더한 두 수의 차가 2인 덧셈식은?

1 + **3** =4

↳ 두 수의 차가 2

❸ 장미와 백합은 각각 몇 송이?

장미 수가 백합 수보다 많으므로 (장미 수) **>** (백합 수)

→ 장미는 **3** 송이, 백합은 **1** 송이입니다.

답 장미: ___3송이___ , 백합: ___1송이___

왼쪽 ❷번과 같이 문제에 색칠하고 밑줄을 그어 가며 문제를 풀어 보세요.

2-1 합이 7이고, / 차가 1인 / 두 수가 있습니다. / 두 수 중에서 더 큰 수를 구해 보세요.

문제 돋보기

✓ 두 수의 합은? → **7**

✓ 두 수의 차는? → **1**

★ 구해야 할 것은?

→ ___예 두 수 중에서 더 큰 수___

풀이 과정

❶ 합이 7인 덧셈식은?

0+ **7** =7, 1+ **6** =7, 2+ **5** =7, 3+ **4** =7

❷ 위 ❶에서 구한 덧셈식 중 더한 두 수의 차가 1인 덧셈식은?

3 + **4** =7

❸ 두 수 중에서 더 큰 수는?

위 ❷에서 더한 두 수의 크기를 비교하면 **4** > **3** 이므로

더 큰 수는 **4** 입니다.

문제가 어려웠다면
□ 어려워요
□ 적당해요
□ 쉬워요

답 ___4___

문장제 실력쌓기

◆ 덧셈과 뺄셈
◆ 합, 차가 주어졌을 때 두 수 구하기

정답과 해설 20쪽

문제를 읽고 '연습하기'에서 했던 것처럼 밑줄을 그어 가며 문제를 풀어 보세요.

1 꽃밭에 나비가 3마리 있고, 벌은 나비보다 2마리 더 적게 있습니다. 꽃밭에 있는 나비와 벌은 모두 몇 마리인가요?

❶ 꽃밭에 있는 벌은 몇 마리?
예 (나비의 수)−2=3−2=1(마리)

❷ 꽃밭에 있는 나비와 벌은 모두 몇 마리?
예 (나비의 수)+(벌의 수)=3+1=4(마리)

답 ___4마리___

2 합이 6이고, 차가 2인 두 수가 있습니다. 두 수를 구해 보세요.

❶ 합이 6인 덧셈식은?
예 0+6=6, 1+5=6, 2+4=6, 3+3=6

❷ 위 ❶에서 구한 덧셈식 중 더한 두 수의 차가 2인 덧셈식은?
예 2+4=6

❸ 두 수를 구하면?
예 합이 6이고, 차가 2인 두 수는 2, 4입니다.

답 ___2___ , ___4___

3 동빈이네 모둠은 남학생이 2명, 여학생이 4명입니다. 윤지네 모둠의 학생 수는 동빈이네 모둠의 학생 수보다 3명 더 많습니다. 윤지네 모둠 학생은 몇 명인가요?

❶ 동빈이네 모둠 학생 수는?
예 (남학생 수)+(여학생 수)=2+4=6(명)

❷ 윤지네 모둠 학생 수는?
예 (동빈이네 모둠 학생 수)+3=6+3=9(명)

답 ___9명___

4 사과 수와 오렌지 수의 합은 9개이고, 사과는 오렌지보다 5개 더 적습니다. 사과와 오렌지 중에서 더 많은 것은 무엇이고, 몇 개인지 차례대로 써 보세요.

❶ 합이 9인 덧셈식은?
예 0+9=9, 1+8=9, 2+7=9, 3+6=9, 4+5=9

❷ 위 ❶에서 구한 덧셈식 중 더한 두 수의 차가 5인 덧셈식은?
예 2+7=9

❸ 사과와 오렌지 중에서 더 많은 것과 그 수는?
예 사과는 오렌지보다 5개 더 적으므로 더 많은 것은 오렌지입니다.
7>2이므로 오렌지는 7개입니다.

답 ___오렌지___ , ___7개___

1 (64쪽) 가장 큰 수와 가장 작은 수의 차 구하기

냉장고 안에 사과가 3개, 귤이 6개, 감이 5개 있습니다.
가장 많은 과일은 가장 적은 과일보다 몇 개 더 많나요?

(풀이) 예 3, 6, 5를 큰 수부터 차례대로 쓰면 6, 5, 3입니다.
가장 큰 수에서 가장 작은 수를 빼면 6 − 3 = 3입니다.
따라서 가장 많은 과일은 가장 적은 과일보다 3개 더 많습니다.

(답)   3개

2 (58쪽) 조건에 맞게 수 가르기

지윤이는 비스킷 6개를 오빠와 나누어 먹으려고 합니다.
나누어 먹는 방법은 모두 몇 가지인지 구해 보세요.
(단, 비스킷을 각각 적어도 1개는 먹습니다.)

(풀이) 예 6은 1과 5, 5와 4, 3과 3, 4와 2, 5와 1로 가르기 할 수 있습니다.
6을 가르기 하는 방법은 모두 5가지이므로 비스킷 6개를 나누어
먹는 방법은 모두 5가지입니다.

(답)   5가지

3 (82쪽) 덧셈과 뺄셈

다람쥐가 도토리를 아침에 1개 먹었고, 저녁에는 아침보다 2개 더 많이
먹었습니다. 다람쥐가 아침과 저녁에 먹은 도토리는 모두 몇 개인가요?

(풀이) 예 (저녁에 먹은 도토리 수) = (아침에 먹은 도토리 수) + 2
= 1 + 2 = 3(개)
따라서 아침과 저녁에 먹은 도토리는 모두 1 + 3 = 4(개)입니다.

(답)   4개

4 (70쪽) 합이 가장 큰(작은) 덧셈식 만들기 / 차가 가장 큰(작은) 뺄셈식 만들기

4장의 수 카드 2 , 5 , 3 , 4 중에서 2장을 골라 합이 가장 작은
덧셈식을 만들었을 때, 합을 구해 보세요.

(풀이) 예 합이 가장 작으려면 가장 작은 수와 둘째로 작은 수를 더합니다.
수 카드의 수를 작은 수부터 차례대로 쓰면 2, 3, 4, 5입니다.
따라서 합이 가장 작은 덧셈식을 만들어 합을 구하면 2 + 3 = 5입니다.

(답)   5

5 (66쪽) 덧셈, 뺄셈하고 크기 비교하기

동우와 주하는 주사위 2개를 동시에 던져 나온 눈의 수의 합이 더 큰
사람이 이기는 놀이를 했습니다. 놀이에서 이긴 사람은 누구인가요?

동우   주하

(풀이) 예 동우가 주사위를 던져 나온 주사위의 눈은 4, 5입니다. ⇨ 4 + 5 = 9
주하가 주사위를 던져 나온 주사위의 눈은 6, 1입니다. ⇨ 6 + 1 = 7
눈의 수의 합의 크기를 비교하면 9 > 7이므로
놀이에서 이긴 사람은 동우입니다.

(답)   동우

6 (72쪽) 더한(뺀) 수 구하기

교실에 남학생 2명과 여학생 4명이 있었습니다. 그중에서 몇 명이
나갔더니 교실에 3명이 남았습니다. 나간 학생은 몇 명인가요?

(풀이) 예 교실에 있던 학생은 2 + 4 = 6(명)입니다.
(교실에 있던 학생 수) − (나간 학생 수) = (남은 학생 수)이므로
6 − (나간 학생 수) = 3입니다.
6 − 3 = 3이므로 나간 학생은 3명입니다.

(답)   3명

---

7 (76쪽) 주고 받은 후의 수 구하기

젤리를 서은이는 6개, 종민이는 5개 가지고 있었습니다. 서은이가
종민이에게 젤리를 2개 주었습니다. 서은이와 종민이는 젤리를 각각 몇 개
가지게 되나요?

(풀이) 예 서은이가 종민이에게 젤리를 2개 주면
서은이가 가지게 되는 젤리는 6 − 2 = 4(개)입니다.
종민이가 가지게 되는 젤리는 5 + 2 = 7(개)입니다.

(답) 서은: 4개 , 종민: 7개

8 (78쪽) 처음의 수 구하기

어느 기차 칸에 몇 명이 타고 있었는데 이번 역에서 4명이 내리고 3명이
탔습니다. 지금 이 기차 칸에 타고 있는 사람이 8명이라면 처음 기차 칸에
타고 있던 사람은 몇 명인가요?

(풀이) 예 3명이 타기 전의 사람은 8 − 3 = 5(명)입니다.
처음 기차 칸에 타고 있던 사람 수는 4명이 내리기 전의
사람 수와 같으므로 5 + 4 = 9(명)입니다.

(답)   9명

9 (84쪽) 합, 차가 주어졌을 때 두 수 구하기

합이 8이고, 차가 2인 두 수가 있습니다. 두 수를 구해 보세요.

(풀이) 예 합이 8인 덧셈식은 0 + 8 = 8, 1 + 7 = 8, 2 + 6 = 8,
3 + 5 = 8, 4 + 4 = 8입니다.
이 중에 더한 두 수의 차가 2인 덧셈식은
3 + 5 = 8입니다.
따라서 합이 8이고, 차가 2인 두 수는 3, 5입니다.

(답)   3   ,   5

도전문제 10 (84쪽) 합, 차가 주어졌을 때 두 수 구하기

밤을 윤서는 4개 가지고 있고, 진성이는 5개 가지고 있습니다.
윤서의 밤의 수가 진성이의 밤의 수보다 5개 더 많아지려면
진성이는 윤서에게 밤을 몇 개 주어야 하나요?

❶ 윤서와 진성이가 가지고 있는 밤의 수의 합은?
예 4 + 5 = 9(개)

❷ 윤서와 진성이가 각각 가져야 하는 밤의 수는?
예 합이 9인 덧셈식은 0 + 9 = 9, 1 + 8 = 9, 2 + 7 = 9,
3 + 6 = 9, 4 + 5 = 9입니다.
이 중에서 더한 두 수의 차가 5인 덧셈식은 2 + 7 = 9입니다.
7 > 2이므로 밤을 윤서는 7개, 진성이는 2개 가져야 합니다.

❸ 진성이가 윤서에게 주어야 하는 밤의 수는?
예 5 − 2 = 3이므로 진성이가 윤서에게 주어야 하는 밤은
3개입니다.

(답)   3개

4. 비교하기

94쪽 • 95쪽

문장제 준비하기

함께 이야기해요!
요리를 만들며 알맞은 말에 ○표 해 보세요.

분홍색 냄비는 하늘색 냄비보다
담을 수 있는 양이 더 (많아), 적어).

하늘색 냄비는 분홍색 냄비보다
담을 수 있는 양이 더 (많아 , 적어).

• RECIPE •
케이크 만들기
준비물
버터, 밀가루, 우유
딸기 6개
달걀 3개

호박은 감자보다
더 (무거워), 가벼워).

감자는 호박보다
더 (무거워 , 가벼워).

버터가 들어 있는 그릇은 달걀이 들어 있는
그릇보다 더 (넓어), 좁아).

달걀이 들어 있는 그릇은
버터가 들어 있는 그릇보다
더 (넓어 , 좁아).

바나나는 딸기보다 더
(길어), 짧아).

딸기는 바나나보다 더
(길어 , 짧아).

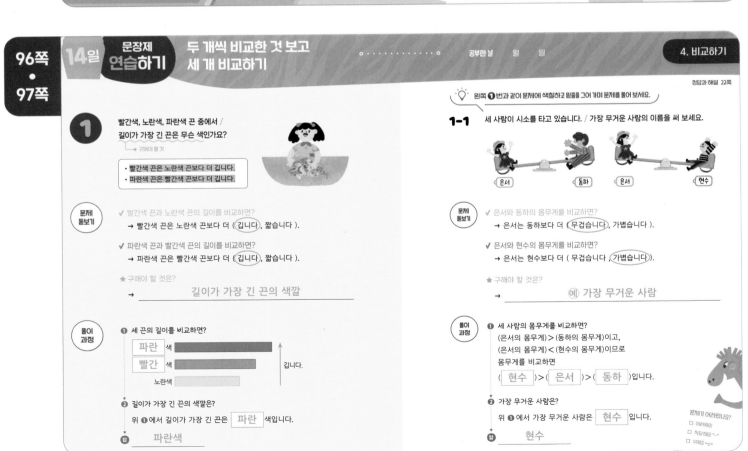

96쪽 • 97쪽

14일 **문장제 연습하기**

**두 개씩 비교한 것 보고
세 개 비교하기**

공부한 날   월   일

4. 비교하기

왼쪽 ❶번과 같이 문제에 색칠하고 밑줄을 그어 가며 문제를 풀어 보세요.

1

빨간색, 노란색, 파란색 끈 중에서 /
길이가 가장 긴 끈은 무슨 색인가요?

구해야 할 것

• 빨간색 끈은 노란색 끈보다 더 깁니다.
• 파란색 끈은 빨간색 끈보다 더 깁니다.

문제 돋보기

✓ 빨간색 끈과 노란색 끈의 길이를 비교하면?
→ 빨간색 끈은 노란색 끈보다 더 (깁니다), 짧습니다).

✓ 파란색 끈과 빨간색 끈의 길이를 비교하면?
→ 파란색 끈은 빨간색 끈보다 더 (깁니다), 짧습니다).

★ 구해야 할 것은?
→ _____길이가 가장 긴 끈의 색깔_____

풀이 과정

❶ 세 끈의 길이를 비교하면?

| 파란 |색
| 빨간 |색
노란색

깁니다.

❷ 길이가 가장 긴 끈의 색깔?
위 ❶에서 길이가 가장 긴 끈은 파란 색입니다.

❸ 파란색

1-1

세 사람이 시소를 타고 있습니다. / 가장 무거운 사람의 이름을 써 보세요.

은서   동하   은서   현수

문제 돋보기

✓ 은서와 동하의 몸무게를 비교하면?
→ 은서는 동하보다 더 (무겁습니다), 가볍습니다).

✓ 은서와 현수의 몸무게를 비교하면?
→ 은서는 현수보다 더 (무겁습니다 , 가볍습니다).

★ 구해야 할 것은?
→ _____(예) 가장 무거운 사람_____

풀이 과정

❶ 세 사람의 몸무게를 비교하면?
(은서의 몸무게) > (동하의 몸무게)이고,
(은서의 몸무게) < (현수의 몸무게)이므로
몸무게를 비교하면
(현수) > (은서) > (동하)입니다.

❷ 가장 무거운 사람은?
위 ❶에서 가장 무거운 사람은 현수 입니다.

❸ 현수

문제가 어려웠나요?
☐ 어려워요!
☐ 적당해요!
☐ 쉬워요!

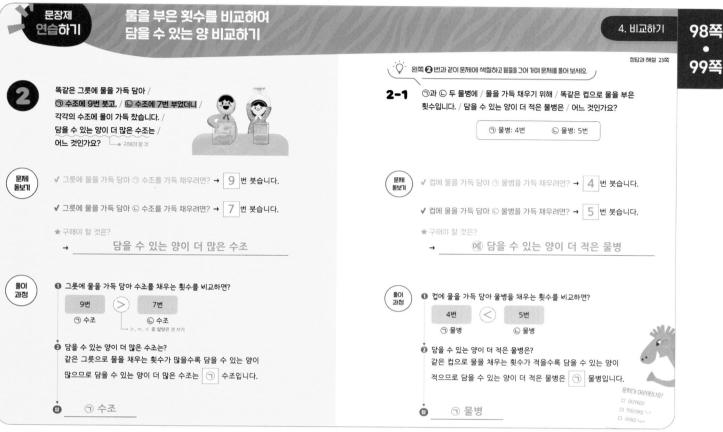

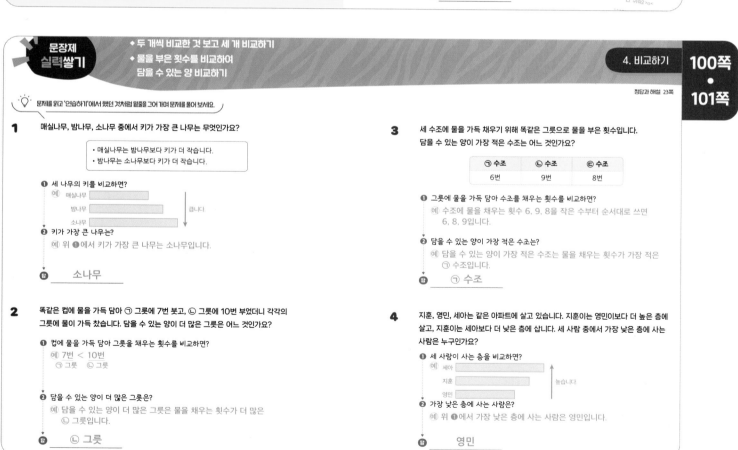

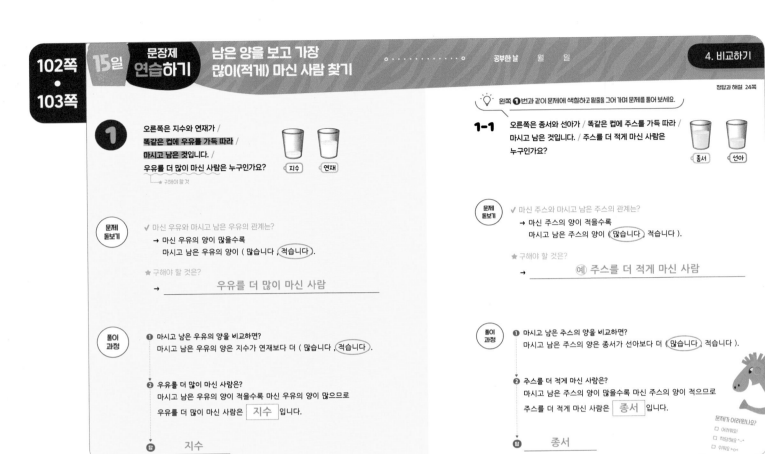

정답과 해설 24쪽

1

오른쪽은 지수와 연재가 / 똑같은 컵에 우유를 가득 따라 / 마시고 남은 것입니다. / 우유를 더 많이 마신 사람은 누구인가요?

구해야 할 것

지수   연재

문제 돋보기

✓ 마신 우유와 마시고 남은 우유의 관계는?
→ 마신 우유의 양이 많을수록 마시고 남은 우유의 양이 (많습니다 , (적습니다)).

★ 구해야 할 것은?
→ 우유를 더 많이 마신 사람

풀이 과정

❶ 마시고 남은 우유의 양을 비교하면?
마시고 남은 우유의 양은 지수가 연재보다 더 (많습니다 , (적습니다)).

❷ 우유를 더 많이 마신 사람은?
마시고 남은 우유의 양이 적을수록 마신 우유의 양이 많으므로 우유를 더 많이 마신 사람은 [지수] 입니다.

답 지수

💡 왼쪽 ❶번과 같이 문제에 색칠하고 밑줄을 그어 가며 문제를 풀어 보세요.

1-1

오른쪽은 종서와 선아가 / 똑같은 컵에 주스를 가득 따라 / 마시고 남은 것입니다. / 주스를 더 적게 마신 사람은 누구인가요?

종서   선아

문제 돋보기

✓ 마신 주스와 마시고 남은 주스의 관계는?
→ 마신 주스의 양이 적을수록 마시고 남은 주스의 양이 (많습니다) 적습니다).

★ 구해야 할 것은?
→ 예) 주스를 더 적게 마신 사람

풀이 과정

❶ 마시고 남은 주스의 양을 비교하면?
마시고 남은 주스의 양은 종서가 선아보다 더 ((많습니다) 적습니다).

❷ 주스를 더 적게 마신 사람은?
마시고 남은 주스의 양이 많을수록 마신 주스의 양이 적으므로 주스를 더 적게 마신 사람은 [종서] 입니다.

답 종서

문제가 어려웠나요?
☐ 어려워요
☐ 적당해요 ~.~
☐ 쉬워요 >o<

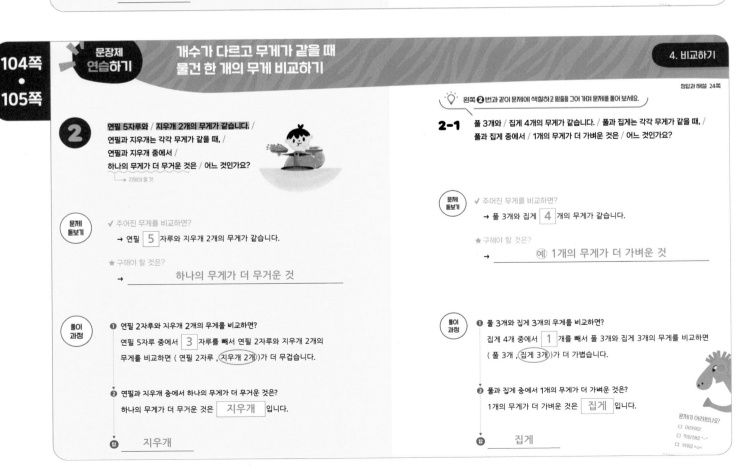

정답과 해설 24쪽

2

연필 5자루와 / 지우개 2개의 무게가 같습니다. / 연필과 지우개는 각각 무게가 같을 때, / 연필과 지우개 중에서 / 하나의 무게가 더 무거운 것은 / 어느 것인가요?

구해야 할 것

문제 돋보기

✓ 주어진 무게를 비교하면?
→ 연필 [5] 자루와 지우개 2개의 무게가 같습니다.

★ 구해야 할 것은?
→ 하나의 무게가 더 무거운 것

풀이 과정

❶ 연필 2자루와 지우개 2개의 무게를 비교하면?
연필 5자루 중에서 [3] 자루를 빼서 연필 2자루와 지우개 2개의 무게를 비교하면 (연필 2자루 , (지우개 2개))가 더 무겁습니다.

❷ 연필과 지우개 중에서 하나의 무게가 더 무거운 것은?
하나의 무게가 더 무거운 것은 [지우개] 입니다.

답 지우개

💡 왼쪽 ❷번과 같이 문제에 색칠하고 밑줄을 그어 가며 문제를 풀어 보세요.

2-1

풀 3개와 / 집게 4개의 무게가 같습니다. / 풀과 집게는 각각 무게가 같을 때, / 풀과 집게 중에서 / 1개의 무게가 더 가벼운 것은 / 어느 것인가요?

문제 돋보기

✓ 주어진 무게를 비교하면?
→ 풀 3개와 집게 [4] 개의 무게가 같습니다.

★ 구해야 할 것은?
→ 예) 1개의 무게가 더 가벼운 것

풀이 과정

❶ 풀 3개와 집게 3개의 무게를 비교하면?
집게 4개 중에서 [1] 개를 빼서 풀 3개와 집게 3개의 무게를 비교하면 (풀 3개 , (집게 3개))가 더 가볍습니다.

❷ 풀과 집게 중에서 1개의 무게가 더 가벼운 것은?
1개의 무게가 더 가벼운 것은 [집게] 입니다.

답 집게

문제가 어려웠나요?
☐ 어려워요
☐ 적당해요 ~.~
☐ 쉬워요 >o<

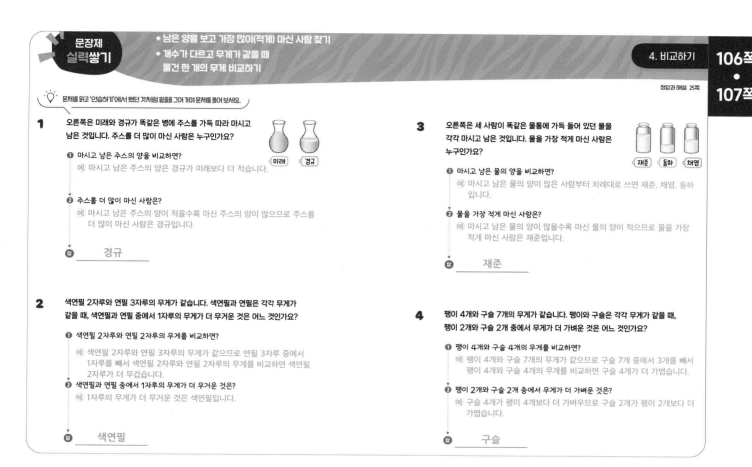

문장제
실력쌓기

◆ 남은 양을 보고 가장 많이(적게) 마신 사람 찾기
◆ 개수가 다르고 무게가 같을 때 물건 한 개의 무게 비교하기

정답과 해설 25쪽

문제를 읽고 '연습하기'에서 했던 것처럼 밑줄을 그어 가며 문제를 풀어 보세요.

1 오른쪽은 미래와 경규가 똑같은 병에 주스를 가득 따라 마시고 남은 것입니다. 주스를 더 많이 마신 사람은 누구인가요?

❶ 마시고 남은 주스의 양을 비교하면?
(예) 마시고 남은 주스의 양은 경규가 미래보다 더 적습니다.

❷ 주스를 더 많이 마신 사람은?
(예) 마시고 남은 주스의 양이 적을수록 마신 주스의 양이 많으므로 주스를 더 많이 마신 사람은 경규입니다.

답 ___경규___

2 색연필 2자루와 연필 3자루의 무게가 같습니다. 색연필과 연필은 각각 무게가 같을 때, 색연필과 연필 중에서 1자루의 무게가 더 무거운 것은 어느 것인가요?

❶ 색연필 2자루와 연필 2자루의 무게를 비교하면?
(예) 색연필 2자루와 연필 3자루의 무게가 같으므로 연필 3자루 중에서 1자루를 빼서 색연필 2자루와 연필 2자루의 무게를 비교하면 색연필 2자루가 더 무겁습니다.

❷ 색연필과 연필 중에서 1자루의 무게가 더 무거운 것은?
(예) 1자루의 무게가 더 무거운 것은 색연필입니다.

답 ___색연필___

3 오른쪽은 세 사람이 똑같은 물통에 가득 들어 있던 물을 각각 마시고 남은 것입니다. 물을 가장 적게 마신 사람은 누구인가요?

❶ 마시고 남은 물의 양을 비교하면?
(예) 마시고 남은 물의 양이 많은 사람부터 차례대로 쓰면 재준, 채영, 동하입니다.

❷ 물을 가장 적게 마신 사람은?
(예) 마시고 남은 물의 양이 많을수록 마신 물의 양이 적으므로 물을 가장 적게 마신 사람은 재준입니다.

답 ___재준___

4 팽이 4개와 구슬 7개의 무게가 같습니다. 팽이와 구슬은 각각 무게가 같을 때, 팽이 2개와 구슬 2개 중에서 무게가 더 가벼운 것은 어느 것인가요?

❶ 팽이 4개와 구슬 4개의 무게를 비교하면?
(예) 팽이 4개와 구슬 7개의 무게가 같으므로 구슬 7개 중에서 3개를 빼서 팽이 4개와 구슬 4개의 무게를 비교하면 구슬 4개가 더 가볍습니다.

❷ 팽이 2개와 구슬 2개 중에서 무게가 더 가벼운 것은?
(예) 구슬 4개가 팽이 4개보다 더 가벼우므로 구슬 2개가 팽이 2개보다 더 가볍습니다.

답 ___구슬___

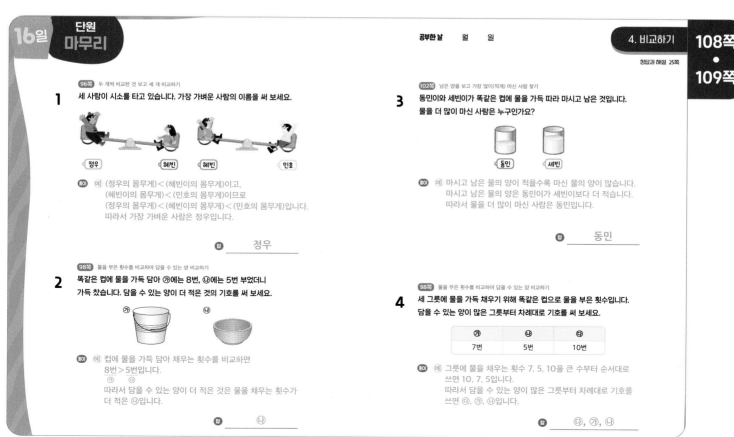

16일 단원 마무리

공부한 날   월   일

정답과 해설 25쪽

96쪽 두 개씩 비교한 것 보고 세 개 비교하기

1 세 사람이 시소를 타고 있습니다. 가장 가벼운 사람의 이름을 써 보세요.

（정우）（혜빈）（혜빈）（민호）

풀이 (예) (정우의 몸무게)<(혜빈이의 몸무게)이고,
(혜빈이의 몸무게)<(민호의 몸무게)이므로
(정우의 몸무게)<(혜빈이의 몸무게)<(민호의 몸무게)입니다.
따라서 가장 가벼운 사람은 정우입니다.

답 ___정우___

98쪽 물을 부은 횟수를 비교하여 담을 수 있는 양 비교하기

2 똑같은 컵에 물을 가득 담아 ㉮에는 8번, ㉯에는 5번 부었더니 가득 찼습니다. 담을 수 있는 양이 더 적은 것의 기호를 써 보세요.

㉮   ㉯

풀이 (예) 컵에 물을 가득 담아 채우는 횟수를 비교하면
8번>5번입니다.
    ㉮   ㉯
따라서 담을 수 있는 양이 더 적은 것은 물을 채우는 횟수가 더 적은 ㉯입니다.

답 ___㉯___

102쪽 남은 양을 보고 가장 많이(적게) 마신 사람 찾기

3 동민이와 세빈이가 똑같은 컵에 물을 가득 따라 마시고 남은 것입니다. 물을 더 많이 마신 사람은 누구인가요?

（동민）（세빈）

풀이 (예) 마시고 남은 물의 양이 적을수록 마신 물의 양이 많습니다.
마시고 남은 물의 양은 동민이가 세빈이보다 더 적습니다.
따라서 물을 더 많이 마신 사람은 동민입니다.

답 ___동민___

98쪽 물을 부은 횟수를 비교하여 담을 수 있는 양 비교하기

4 세 그릇에 물을 가득 채우기 위해 똑같은 컵으로 물을 부은 횟수입니다. 담을 수 있는 양이 많은 그릇부터 차례대로 기호를 써 보세요.

㉮	㉯	㉰
7번	5번	10번

풀이 (예) 그릇에 물을 채우는 횟수 7, 5, 10을 큰 수부터 순서대로 쓰면 10, 7, 5입니다.
따라서 담을 수 있는 양이 많은 그릇부터 차례대로 기호를 쓰면 ㉰, ㉮, ㉯입니다.

답 ___㉰, ㉮, ㉯___

5 104쪽 개수가 다르고 무게가 같을 때 물건 한 개의 무게 비교하기

공깃돌과 바둑돌은 각각 무게가 같을 때, 공깃돌과 바둑돌 중에서
1개의 무게가 더 가벼운 것은 어느 것인가요?

공깃돌 8개　　　　바둑돌 5개

풀이 예 공깃돌 8개와 바둑돌 5개의 무게가 같으므로 공깃돌 8개
중에서 3개를 빼서 공깃돌 5개와 바둑돌 5개의 무게를
비교하면 공깃돌 5개가 더 가볍습니다.
따라서 1개의 무게가 더 가벼운 것은 공깃돌입니다.

답　　　공깃돌

6 96쪽 두 개씩 비교한 것 보고 세 개 비교하기

수정, 용민, 현범이는 같은 아파트에 살고 있습니다. 세 사람 중에서 가장
높은 층에 사는 사람과 가장 낮은 층에 사는 사람을 차례대로 써 보세요.

• 수정이는 용민이보다 더 낮은 층에 삽니다.
• 현범이는 용민이보다 더 높은 층에 삽니다.

풀이 예 현범

용민　　　　　　　　　　　높습니다.

수정

따라서 가장 높은 층에 사는 사람은 현범이고, 가장 낮은
층에 사는 사람은 수정입니다.

답　　　현범　,　수정

7 102쪽 남은 양을 보고 가장 많이(적게) 마신 사람 찾기

오른쪽은 세 사람이 똑같은 병에 가득 들어
있던 주스를 각각 마시고 남은 것입니다.
주스를 적게 마신 사람부터 차례대로 이름을
써 보세요.

유하　성재　세린

풀이 예 마시고 남은 주스의 양이 많을수록 마신 주스의 양이 적습니다.
마시고 남은 주스의 양이 많은 사람부터 차례대로 이름을 쓰면 성재,
세린, 유하입니다. 따라서 주스를 적게 마신 사람부터 차례대로 이름을
쓰면 성재, 세린, 유하입니다.

답　　　성재, 세린, 유하

도전문제 **8** 96쪽 두 개씩 비교한 것 보고 세 개 비교하기
104쪽 개수가 다르고 무게가 같을 때 물건 한 개의 무게 비교하기

크레파스, 붓, 사인펜은 각각 무게가 같습니다. 크레파스, 붓, 사인펜
중에서 1자루의 무게가 가장 무거운 것은 무엇인가요?

• 크레파스 2자루와 붓 4자루의 무게가 같습니다.
• 크레파스 4자루와 사인펜 3자루의 무게가 같습니다.

❶ 크레파스 1자루와 붓 1자루의 무게를 비교하면?
예 크레파스 2자루와 붓 4자루의 무게가 같으므로 붓 4자루 중에서
2자루를 빼면 크레파스 2자루가 붓 2자루보다 더 무겁습니다.
1자루의 무게가 더 무거운 것은 크레파스입니다.
❷ 크레파스 1자루와 사인펜 1자루의 무게를 비교하면?
예 크레파스 4자루와 사인펜 3자루의 무게가 같으므로 크레파스
4자루 중에서 1자루를 빼면 크레파스 3자루가 사인펜 3자루보다
더 가볍습니다. 1자루의 무게가 더 무거운 것은 사인펜입니다.
❸ 1자루의 무게가 가장 무거운 것은?
예 1자루의 무게가 무거운 것부터 차례대로 쓰면 사인펜, 크레파스, 붓
이므로 가장 무거운 것은 사인펜입니다.

답　　　사인펜

5. 50까지의 수

문장제 준비하기

함께 이야기해요!

요리를 만들며 빈칸에 알맞은 수나 말을 써 보세요.

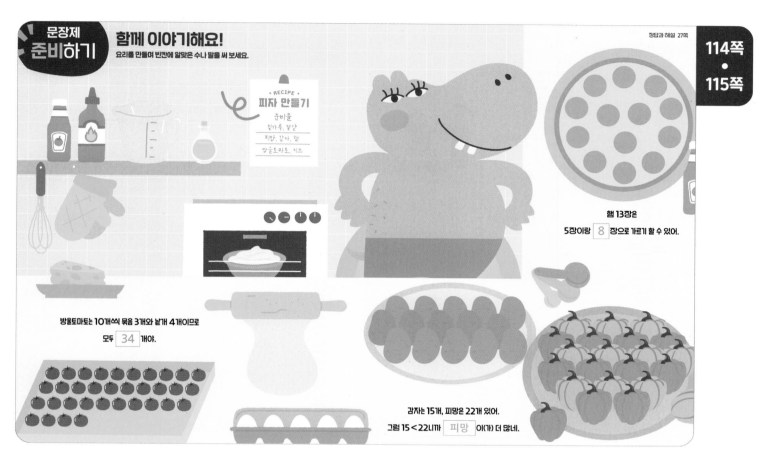

RECIPE
피자 만들기
준비물
밀가루, 달걀
피망, 감자, 햄
방울토마토, 치즈

햄 13장은

5장이랑 **8** 장으로 가르기 할 수 있어.

방울토마토는 10개씩 묶음 3개와 낱개 4개이므로

모두 **34** 개야.

감자는 15개, 피망은 22개 있어.

그럼 15 < 22니까 **피망** 이(가) 더 많네.

17일 문장제 연습하기 똑같은 두 수로 가르기 · · · · · · · · · · 공부한 날 월 일

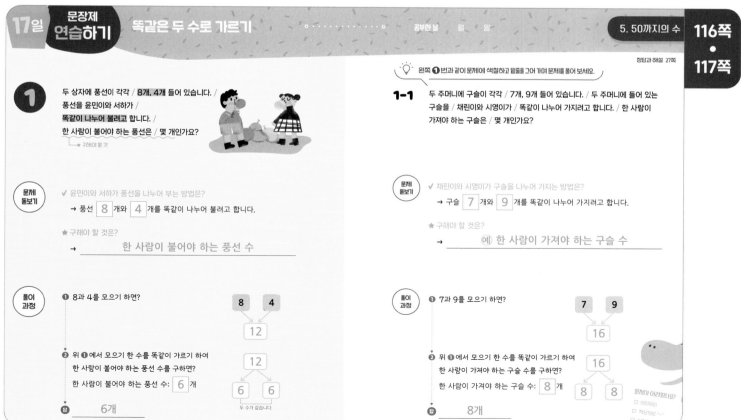

1 두 상자에 풍선이 각각 / 8개, 4개 들어 있습니다. / 풍선을 윤민이와 서하가 / 똑같이 나누어 불려고 합니다. / 한 사람이 불어야 하는 풍선은 / 몇 개인가요?

→ 구해야 할 것

문제 돋보기 ✓ 윤민이와 서하가 풍선을 나누어 부는 방법은?

→ 풍선 **8** 개와 **4** 개를 똑같이 나누어 불려고 합니다.

★ 구해야 할 것은?

→ 한 사람이 불어야 하는 풍선 수

풀이 과정 ❶ 8과 4를 모으기 하면?

8 4
↓
12

❷ 위 ❶에서 모으기 한 수를 똑같이 가르기 하여 한 사람이 불어야 하는 풍선 수를 구하면?

12
↓
6 6

한 사람이 불어야 하는 풍선 수: **6** 개

두 수가 같습니다.

❸ 답 **6개**

💡 왼쪽 ❶번과 같이 문제에 색칠하고 밑줄을 그어 가며 문제를 풀어 보세요.

1-1 두 주머니에 구슬이 각각 / 7개, 9개 들어 있습니다. / 두 주머니에 들어 있는 구슬을 / 채린이와 시영이가 / 똑같이 나누어 가지려고 합니다. / 한 사람이 가져야 하는 구슬은 / 몇 개인가요?

문제 돋보기 ✓ 채린이와 시영이가 구슬을 나누어 가지는 방법은?

→ 구슬 **7** 개와 **9** 개를 똑같이 나누어 가지려고 합니다.

★ 구해야 할 것은?

→ (예) 한 사람이 가져야 하는 구슬 수

풀이 과정 ❶ 7과 9를 모으기 하면?

7 9
↓
16

❷ 위 ❶에서 모으기 한 수를 똑같이 가르기 하여 한 사람이 가져야 하는 구슬 수를 구하면?

16
↓
8 8

한 사람이 가져야 하는 구슬 수: **8** 개

❸ 답 **8개**

문제가 어려웠나요?
□ 어려워요
□ 적당해요
□ 쉬워요

문장제 연습하기 | 조건에 맞게 수 가르기

정답과 해설 28쪽

2 준경이와 혜리는 밤 10개를 /
나누어 가지려고 합니다. /
준경이가 혜리보다 / 밤을 2개 더 많이 가지려면 /
준경이는 밤을 몇 개 가져야 하나요?
└→ 구해야 할 것

문제 돌보기

✔ 밤의 수는? → **10** 개

✔ 준경이가 혜리보다 더 많이 가지려는 밤의 수는? → **2** 개

★ 구해야 할 것은?
→ _____준경이가 가져야 하는 밤의 수_____

풀이 과정

❶ 10을 서로 다른 두 수로 가르기 하면?

10	10	10	10
9 1	8 2	7 3	6 4

❷ 준경이가 가져야 하는 밤의 수는?
위 ❶에서 가르기 한 두 수의 차가 2인 경우는 **6** 와(과) **4** 입니다.
⇨ 준경이가 가져야 하는 밤의 수: **6** 개

답 _____6개_____

💡 왼쪽 ❷번과 같이 문제에 색칠하고 밑줄을 그어 가며 문제를 풀어 보세요.

2-1 수호는 젤리 15개를 / 친구와 나누어 먹으려고 합니다. / 수호가 친구보다 /
젤리를 1개 더 적게 먹으려면 / 수호는 젤리를 몇 개 먹어야 하나요?

문제 돌보기

✔ 젤리 수는? → **15** 개

✔ 수호가 친구보다 더 적게 먹으려는 젤리 수는? → **1** 개

★ 구해야 할 것은?
→ ____예 수호가 먹어야 하는 젤리 수____

풀이 과정

❶ 15를 두 수로 가르기 하면?

15	15	15
10 5	9 6	8 7

❷ 수호가 먹어야 하는 젤리 수는?
위 ❶에서 가르기 한 두 수의 차가 1인 경우는
8 와(과) **7** 입니다.
⇨ 수호가 먹어야 하는 젤리 수: **7** 개

답 _____7개_____

문제가 어려웠나요?
☐ 어려워요
☐ 적당해요 ^-^
☐ 쉬워요 >o<

문장제 실력쌓기 | ◆ 똑같은 두 수로 가르기
◆ 조건에 맞게 수 가르기

정답과 해설 28쪽

💡 문제를 읽고 '연습하기'에서 했던 것처럼 밑줄을 그어 가며 문제를 풀어 보세요.

1 두 주머니에 공깃돌이 각각 10개, 8개 들어 있습니다. 공깃돌을 주호와 선주가
똑같이 나누어 가지려고 합니다. 한 사람이 가져야 하는 공깃돌은 몇 개인가요?

❶ 10과 8을 모으기 하면?
예 10 8 → 18

❷ 위 ❶에서 모으기 한 수를 똑같이 가르기 하여 한 사람이 가져야 하는 공깃돌
수를 구하면?
예 18 → 9 9
⇨ 한 사람이 가져야 하는 공깃돌은 9개입니다.

답 _____9개_____

2 재민이와 윤서는 딸기 11개를 나누어 먹었습니다. 재민이가 윤서보다 딸기를
1개 더 많이 먹었다면 재민이는 딸기를 몇 개 먹었을까요?

❶ 11을 두 수로 가르기 하면?

11	11	11	11	11
10 1	9 2	8 3	7 4	6 5

❷ 재민이가 먹은 딸기의 수는?
예 위 ❶에서 가르기 한 두 수의 차가 1인 경우는 6과 5입니다.
따라서 재민이는 딸기를 6개 먹었습니다.

답 _____6개_____

3 소라와 강호는 초콜릿을 각각 3개, 9개 가지고 있습니다. 두 사람이 초콜릿을 똑같이
나누어 먹으려고 합니다. 한 사람이 먹어야 하는 초콜릿은 몇 개인가요?

❶ 3과 9를 모으기 하면?
예 3 9 → 12

❷ 위 ❶에서 모으기 한 수를 똑같이 가르기 하여 한 사람이 먹어야 하는 초콜릿
수를 구하면?
예 12 → 6 6
⇨ 한 사람이 먹어야 하는 초콜릿은 6개입니다.

답 _____6개_____

4 종하는 딱지 12장을 친구와 나누어 가지려고 합니다. 종하가 친구보다 딱지를
더 적게 가지게 되는 경우는 몇 가지인가요? (단, 종하와 친구는 딱지를 적어도
한 장씩은 가집니다.)

❶ 12를 두 수로 가르기 하면?
예 12는 1과 11, 2와 10, 3과 9, 4와 8, 5와 7, 6과 6, 7과 5, 8과 4,
9와 3, 10과 2, 11과 1로 가르기 할 수 있습니다.

❷ 종하가 친구보다 딱지를 더 적게 가지게 되는 경우는?
예 위 ❶에서 12를 ㉠과 ㉡으로 가르기 했을 때 ㉠이 ㉡보다 더 작은
경우는 1과 11, 2와 10, 3과 9, 4와 8, 5와 7로 5가지입니다.
따라서 종하가 친구보다 딱지를 더 적게 가지는 경우는 5가지입니다.

답 _____5가지_____

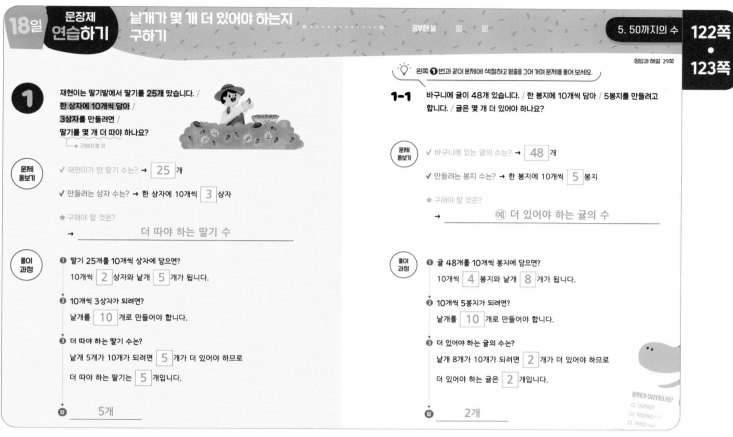

18일 문장제 **연습하기** 낱개가 몇 개 더 있어야 하는지 구하기

공부한 날   월   일

정답과 해설 29쪽

1
재현이는 딸기밭에서 딸기를 25개 땄습니다. /
한 상자에 10개씩 담아 /
3상자를 만들려면 /
딸기를 몇 개 더 따야 하나요?
→ 구해야 할 것

문제 돋보기
✔ 재현이가 딴 딸기 수는? → 25 개

✔ 만들려는 상자 수는? → 한 상자에 10개씩 3 상자

★ 구해야 할 것은?
→   더 따야 하는 딸기 수

풀이 과정
❶ 딸기 25개를 10개씩 상자에 담으면?
10개씩 2 상자와 낱개 5 개가 됩니다.

❷ 10개씩 3상자가 되려면?
낱개를 10 개로 만들어야 합니다.

❸ 더 따야 하는 딸기 수는?
낱개 5개가 10개가 되려면 5 개가 더 있어야 하므로
더 따야 하는 딸기는 5 개입니다.

답   5개

💡 왼쪽 ❶번과 같이 문제에 색칠하고 밑줄을 그어 가며 문제를 풀어 보세요.

1-1 바구니에 귤이 48개 있습니다. / 한 봉지에 10개씩 담아 / 5봉지를 만들려고 합니다. / 귤은 몇 개 더 있어야 하나요?

문제 돋보기
✔ 바구니에 있는 귤의 수는? → 48 개

✔ 만들려는 봉지 수는? → 한 봉지에 10개씩 5 봉지

★ 구해야 할 것은?
→   예 더 있어야 하는 귤의 수

풀이 과정
❶ 귤 48개를 10개씩 봉지에 담으면?
10개씩 4 봉지와 낱개 8 개가 됩니다.

❷ 10개씩 5봉지가 되려면?
낱개를 10 개로 만들어야 합니다.

❸ 더 있어야 하는 귤의 수는?
낱개 8개가 10개가 되려면 2 개가 더 있어야 하므로
더 있어야 하는 귤은 2 개입니다.

답   2개

문제가 어려웠나요?
☐ 어려워요
☐ 적당해요 ^-^
☐ 쉬워요 >.<

문장제 **연습하기** 수의 크기 비교하기

정답과 해설 29쪽

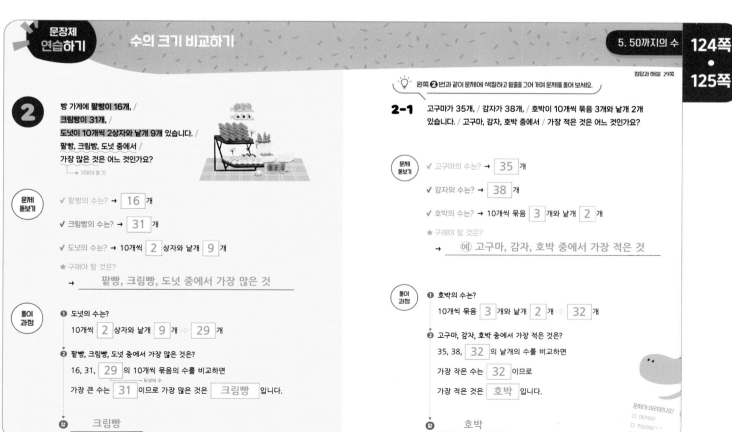

2
빵 가게에 팥빵이 16개, /
크림빵이 31개, /
도넛이 10개씩 2상자와 낱개 9개 있습니다. /
팥빵, 크림빵, 도넛 중에서 /
가장 많은 것은 어느 것인가요?
→ 구해야 할 것

문제 돋보기
✔ 팥빵의 수는? → 16 개

✔ 크림빵의 수는? → 31 개

✔ 도넛의 수는? → 10개씩 2 상자와 낱개 9 개

★ 구해야 할 것은?
→   팥빵, 크림빵, 도넛 중에서 가장 많은 것

풀이 과정
❶ 도넛의 수는?
10개씩 2 상자와 낱개 9 개 ⇨ 29 개

❷ 팥빵, 크림빵, 도넛 중에서 가장 많은 것은?
16, 31, 29 의 10개씩 묶음의 수를 비교하면
→ 도넛의 수
가장 큰 수는 31 이므로 가장 많은 것은 크림빵 입니다.

답   크림빵

💡 왼쪽 ❷번과 같이 문제에 색칠하고 밑줄을 그어 가며 문제를 풀어 보세요.

2-1 고구마가 35개, / 감자가 38개, / 호박이 10개씩 묶음 3개와 낱개 2개 있습니다. / 고구마, 감자, 호박 중에서 / 가장 적은 것은 어느 것인가요?

문제 돋보기
✔ 고구마의 수는? → 35 개

✔ 감자의 수는? → 38 개

✔ 호박의 수는? → 10개씩 묶음 3 개와 낱개 2 개

★ 구해야 할 것은?
→   예 고구마, 감자, 호박 중에서 가장 적은 것

풀이 과정
❶ 호박의 수는?
10개씩 묶음 3 개와 낱개 2 개 ⇨ 32 개

❷ 고구마, 감자, 호박 중에서 가장 적은 것은?
35, 38, 32 의 낱개의 수를 비교하면
가장 작은 수는 32 이므로
가장 적은 것은 호박 입니다.

답   호박

문제가 어려웠나요?
☐ 어려워요
☐ 적당해요 ^-^
☐ 쉬워요 >.<

정답과 해설 30쪽

문제를 읽고 '연습하기'에서 했던 것처럼 밑줄을 그어 가며 문제를 풀어 보세요.

1 상자에 토마토가 36개 있습니다. 한 바구니에 10개씩 담아 4바구니를 만들려고 합니다. 토마토는 몇 개 더 있어야 하나요?

❶ 토마토 36개를 10개씩 바구니에 담으면?
예 10개씩 3바구니와 낱개 6개가 됩니다.

❷ 10개씩 4바구니가 되려면?
예 낱개를 10개로 만들어야 합니다.

❸ 더 있어야 하는 토마토 수는?
예 낱개 6개가 10개가 되려면 4개가 더 있어야 하므로 더 있어야 하는 토마토는 4개입니다.

답 ____4개____

2 연필이 28자루, 색연필이 10자루씩 묶음 4개와 낱개 1자루, 사인펜이 37자루 있습니다. 연필, 색연필, 사인펜 중에서 가장 많은 것은 어느 것인가요?

❶ 색연필 수는?
예 10자루씩 묶음 4개와 낱개 1자루이므로 41자루입니다.

❷ 연필, 색연필, 사인펜 중에서 가장 많은 것은?
예 28, 41, 37의 10개씩 묶음의 수를 비교하면 가장 큰 수는 41입니다. 따라서 가장 많은 것은 색연필입니다.

답 ____색연필____

3 찐빵과 만두를 각각 한 상자에 10개씩 담아 5상자씩 만들려고 합니다. 지금까지 담은 찐빵은 49개, 만두는 41개입니다. 더 담아야 하는 찐빵과 만두는 모두 몇 개인가요?

❶ 찐빵 49개와 만두 41개를 각각 10개씩 상자에 담으면?
예 찐빵: 10개씩 4상자와 낱개 9개가 됩니다.
만두: 10개씩 4상자와 낱개 1개가 됩니다.

❷ 10개씩 5상자가 되려면?
예 낱개를 10개로 만들어야 합니다.

❸ 더 담아야 하는 찐빵과 만두 수는?
예 찐빵과 만두의 낱개의 수가 각각 10개가 되려면 찐빵은 1개, 만두는 9개가 더 있어야 하므로 더 담아야 하는 찐빵과 만두는 모두 10개입니다.

답 ____10개____

4 세 주머니에 각각 바둑돌이 들어 있습니다. 바둑돌이 많이 들어 있는 주머니부터 차례대로 기호를 써 보세요.

㉮ 주머니	10개씩 묶음 1개와 낱개 4개
㉯ 주머니	16개
㉰ 주머니	10개씩 묶음 1개와 낱개 12개

❶ ㉮ 주머니와 ㉰ 주머니의 바둑돌의 수는?
예 ㉮ 주머니: 10개씩 묶음 1개와 낱개 4개이므로 14개입니다.
㉰ 주머니: 10개씩 묶음 1개와 낱개 12개이므로 22개입니다.

❷ 바둑돌이 많이 들어 있는 주머니부터 차례대로 기호를 쓰면?
예 14, 16, 22를 큰 수부터 차례대로 쓰면 22, 16, 14입니다. 따라서 바둑돌이 많이 들어 있는 주머니부터 차례대로 기호를 쓰면 ㉰, ㉯, ㉮입니다.

답 ____㉰, ㉯, ㉮____

정답과 해설 30쪽

① 수빈이는 다음 수만큼 종이학을 접었습니다. / 수빈이가 접은 종이학은 몇 개인가요?

↳ 구해야 할 것

• 10과 20 사이의 수입니다.
• 낱개의 수는 6입니다.

문제 돋보기

✓ 종이학의 수는?
┌ 10과 **20** 사이의 수
└ 낱개의 수: **6**

★ 구해야 할 것은?
→ ____수빈이가 접은 종이학의 수____

풀이 과정

❶ 10개씩 묶음의 수는?
10과 20 사이의 수는 11부터 19까지이므로
10개씩 묶음의 수는 **1** 입니다.

❷ 수빈이가 접은 종이학의 수는?
10개씩 묶음 **1** 개와 낱개 **6** 개이므로 **16** 개입니다.

답 ____16개____

왼쪽 ❶번과 같이 문제에 색칠하고 밑줄을 그어 가며 문제를 풀어 보세요.

1-1 다음 조건을 / 모두 만족하는 수를 구해 보세요. /

• 40보다 크고 50보다 작은 수입니다.
• 낱개의 수는 2와 3을 모으기 한 수입니다.

문제 돋보기

✓ 조건은?
┌ 40보다 크고 **50** 보다 작은 수
└ 낱개의 수: 2와 **3** 을(를) 모으기 한 수

★ 구해야 할 것은?
→ 예 조건을 모두 만족하는 수

풀이 과정

❶ 10개씩 묶음의 수와 낱개의 수는?
40보다 크고 50보다 작은 수는 41부터 49까지이므로
10개씩 묶음의 수는 **4** 입니다.
2와 3을 모으기 한 수는 **5** 이므로 낱개의 수는 **5** 입니다.

❷ 조건을 모두 만족하는 수는?
10개씩 묶음 **4** 개와 낱개 **5** 개이므로 **45** 입니다.

답 ____45____

문제가 어려웠나요?
□ 어려워
□ 적당해요
□ 쉬워요

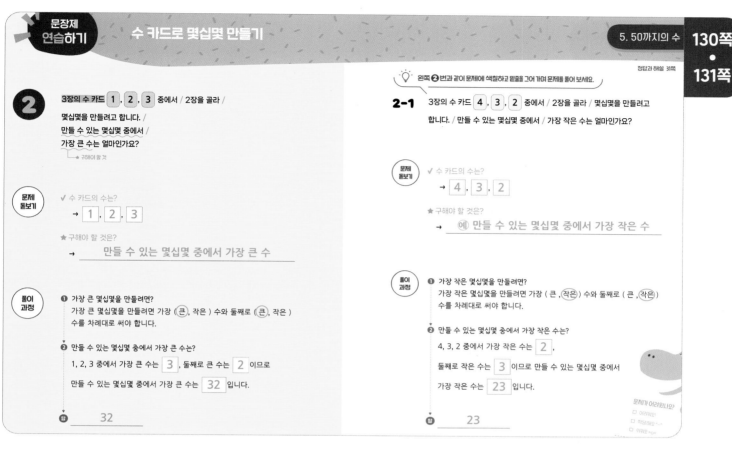

2 3장의 수 카드 1, 2, 3 중에서 / 2장을 골라 / 몇십몇을 만들려고 합니다. / 만들 수 있는 몇십몇 중에서 / 가장 큰 수는 얼마인가요?
→ 구해야 할 것

문제 돋보기

✓ 수 카드의 수는?
→ 1, 2, 3

★ 구해야 할 것은?
→ 만들 수 있는 몇십몇 중에서 가장 큰 수

풀이 과정

❶ 가장 큰 몇십몇을 만들려면?
가장 큰 몇십몇을 만들려면 가장 (큰 , 작은) 수와 둘째로 (큰 , 작은) 수를 차례대로 써야 합니다.

❷ 만들 수 있는 몇십몇 중에서 가장 큰 수는?
1, 2, 3 중에서 가장 큰 수는 3 , 둘째로 큰 수는 2 이므로
만들 수 있는 몇십몇 중에서 가장 큰 수는 32 입니다.

답 32

왼쪽 ❷번과 같이 문제에 색칠하고 밑줄을 그어 가며 문제를 풀어 보세요.

정답과 해설 31쪽

2-1 3장의 수 카드 4, 3, 2 중에서 / 2장을 골라 / 몇십몇을 만들려고 합니다. / 만들 수 있는 몇십몇 중에서 / 가장 작은 수는 얼마인가요?

문제 돋보기

✓ 수 카드의 수는?
→ 4, 3, 2

★ 구해야 할 것은?
→ 예 만들 수 있는 몇십몇 중에서 가장 작은 수

풀이 과정

❶ 가장 작은 몇십몇을 만들려면?
가장 작은 몇십몇을 만들려면 가장 (큰 , 작은) 수와 둘째로 (큰 , 작은) 수를 차례대로 써야 합니다.

❷ 만들 수 있는 몇십몇 중에서 가장 작은 수는?
4, 3, 2 중에서 가장 작은 수는 2 ,
둘째로 작은 수는 3 이므로 만들 수 있는 몇십몇 중에서
가장 작은 수는 23 입니다.

답 23

문제가 어려웠나요?
☐ 어려워요
☐ 적당해요
☐ 쉬워요

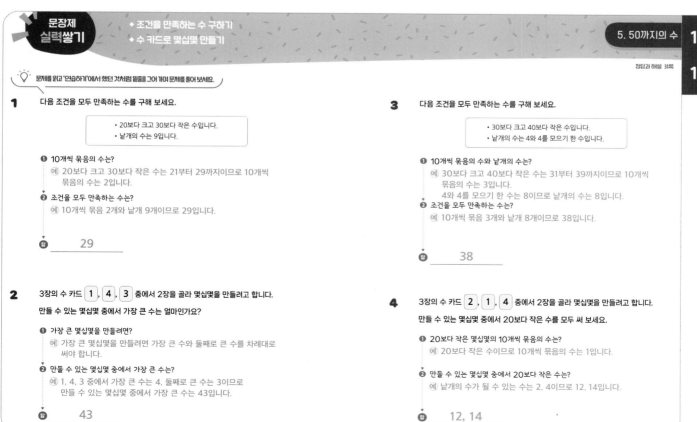

문제를 읽고 '연습하기'에서 했던 것처럼 밑줄을 그어 가며 문제를 풀어 보세요.

정답과 해설 31쪽

1 다음 조건을 모두 만족하는 수를 구해 보세요.

· 20보다 크고 30보다 작은 수입니다.
· 낱개의 수는 9입니다.

❶ 10개씩 묶음의 수는?
예 20보다 크고 30보다 작은 수는 21부터 29까지이므로 10개씩 묶음의 수는 2입니다.

❷ 조건을 모두 만족하는 수는?
예 10개씩 묶음 2개와 낱개 9개이므로 29입니다.

답 29

2 3장의 수 카드 1, 4, 3 중에서 2장을 골라 몇십몇을 만들려고 합니다. 만들 수 있는 몇십몇 중에서 가장 큰 수는 얼마인가요?

❶ 가장 큰 몇십몇을 만들려면?
예 가장 큰 몇십몇을 만들려면 가장 큰 수와 둘째로 큰 수를 차례대로 써야 합니다.

❷ 만들 수 있는 몇십몇 중에서 가장 큰 수는?
예 1, 4, 3 중에서 가장 큰 수는 4, 둘째로 큰 수는 3이므로 만들 수 있는 몇십몇 중에서 가장 큰 수는 43입니다.

답 43

3 다음 조건을 모두 만족하는 수를 구해 보세요.

· 30보다 크고 40보다 작은 수입니다.
· 낱개의 수는 4와 4를 모으기 한 수입니다.

❶ 10개씩 묶음의 수와 낱개의 수는?
예 30보다 크고 40보다 작은 수는 31부터 39까지이므로 10개씩 묶음의 수는 3입니다.
4와 4를 모으기 한 수는 8이므로 낱개의 수는 8입니다.

❷ 조건을 모두 만족하는 수는?
예 10개씩 묶음 3개와 낱개 8개이므로 38입니다.

답 38

4 3장의 수 카드 2, 1, 4 중에서 2장을 골라 몇십몇을 만들려고 합니다. 만들 수 있는 몇십몇 중에서 20보다 작은 수를 모두 써 보세요.

❶ 20보다 작은 몇십몇의 10개씩 묶음의 수는?
예 20보다 작은 수이므로 10개씩 묶음의 수는 1입니다.

❷ 만들 수 있는 몇십몇 중에서 20보다 작은 수는?
예 낱개의 수가 될 수 있는 수는 2, 4이므로 12, 14입니다.

답 12, 14

20일 단원 마무리

1 (116쪽 똑같은 두 수로 가르기)
두 접시에 쿠키가 각각 6개, 8개 놓여 있습니다. 쿠키를 지수와 동생이 똑같이 나누어 먹으려고 합니다. 한 사람이 먹어야 하는 쿠키는 몇 개인가요?

풀이 예) 6과 8을 모으기 하면 14입니다.
14를 똑같은 두 수로 가르기 하면 7과 7입니다.
따라서 한 사람이 먹어야 하는 쿠키는 7개입니다.

답 __7개__

2 (130쪽 수 카드로 몇십몇 만들기)
3장의 수 카드 3 , 2 , 1 중에서 2장을 골라 몇십몇을 만들려고 합니다. 만들 수 있는 몇십몇은 모두 몇 개인가요?

풀이 예) 10개씩 묶음의 수가 1인 경우 만들 수 있는 몇십몇: 12, 13
10개씩 묶음의 수가 2인 경우 만들 수 있는 몇십몇: 21, 23
10개씩 묶음의 수가 3인 경우 만들 수 있는 몇십몇: 31, 32
따라서 만들 수 있는 몇십몇은 모두 6개입니다.

답 __6개__

3 (122쪽 낱개가 몇 개 더 있어야 하는지 구하기)
바구니에 호두가 43개 들어 있습니다. 호두를 한 봉지에 10개씩 담아 5봉지를 만들려고 합니다. 호두는 몇 개 더 있어야 하나요?

풀이 예) 호두 43개를 10개씩 봉지에 담으면 4봉지와 낱개 3개가 됩니다.
낱개 3개가 10개가 되려면 7개가 더 있어야 합니다.
따라서 호두는 7개 더 있어야 합니다.

답 __7개__

4 (124쪽 수의 크기 비교하기)
클립이 10개씩 묶음 2개와 낱개 6개, 공깃돌이 19개, 집게가 28개 있습니다. 클립, 공깃돌, 집게 중에서 가장 많은 것은 어느 것인가요?

풀이 예) 클립은 10개씩 묶음 2개와 낱개 6개이므로 26개입니다.
26, 19, 28의 10개씩 묶음의 수를 비교하면 가장 작은 수는 19입니다.
26과 28의 낱개의 수를 비교하면 더 큰 수는 28이므로 가장 많은 것은 집게입니다.

답 __집게__

5 (130쪽 수 카드로 몇십몇 만들기)
3장의 수 카드 2 , 4 , 1 중에서 2장을 골라 몇십몇을 만들려고 합니다. 만들 수 있는 몇십몇 중에서 가장 큰 수는 얼마인가요?

풀이 예) 가장 큰 몇십몇을 만들려면 가장 큰 수와 둘째로 큰 수를 차례로 써야 합니다.
2, 4, 1 중에서 가장 큰 수는 4, 둘째로 큰 수는 2이므로 만들 수 있는 몇십몇 중에서 가장 큰 수는 42입니다.

답 __42__

6 (128쪽 조건을 만족하는 수 구하기)
다음 조건을 모두 만족하는 수를 구해 보세요.

> • 10보다 크고 20보다 작은 수입니다.
> • 낱개의 수는 4보다 크고 6보다 작습니다.

풀이 예) 10보다 크고 20보다 작은 수는 11부터 19까지이므로 10개씩 묶음의 수는 1입니다.
낱개의 수는 4보다 크고 6보다 작으므로 5입니다.
따라서 10개씩 묶음 1개와 낱개 5개이므로 15입니다.

답 __15__

단원 마무리

7 (118쪽 조건에 맞게 수 가르기)
성호는 구슬 13개를 친구와 나누어 가지려고 합니다. 성호가 친구보다 구슬을 3개 더 많이 가지려면 성호는 구슬을 몇 개 가져야 하나요?

풀이 예) 13은 1과 12, 2와 11, 3과 10, 4와 9, 5와 8, 6과 7로 가르기 할 수 있습니다.
이 중에서 가르기 한 두 수의 차가 3인 경우는 5와 8입니다.
따라서 성호는 구슬을 8개 가져야 합니다.

답 __8개__

8 (124쪽 수의 크기 비교하기)
세 상자에 지우개가 각각 들어 있습니다. 지우개가 적게 들어 있는 상자부터 차례로 기호를 써 보세요.

㉮ 상자	39개
㉯ 상자	10개씩 묶음 3개와 낱개 5개
㉰ 상자	10개씩 묶음 2개와 낱개 17개

풀이 예) ㉯ 상자: 10개씩 묶음 3개와 낱개 5개이므로 35개입니다.
㉰ 상자: 10개씩 묶음 2개와 낱개 17개이므로 37개입니다.
39, 35, 37을 작은 수부터 차례로 쓰면 35, 37, 39입니다.
따라서 지우개가 적게 들어 있는 상자부터 차례로 기호를 쓰면 ㉯, ㉰, ㉮입니다.

답 __㉯, ㉰, ㉮__

9 (128쪽 조건을 만족하는 수 구하기)
다음 조건을 모두 만족하는 수를 구해 보세요.

> • 40보다 크고 50보다 작은 수입니다.
> • 낱개의 수는 2와 5로 가르기 할 수 있습니다.

풀이 예) 40보다 크고 50보다 작은 수는 41부터 49까지이므로 10개씩 묶음의 수는 4입니다.
2와 5로 가르기 할 수 있으므로 낱개의 수는 7입니다.
따라서 10개씩 묶음 4개와 낱개 7개이므로 47입니다.

답 __47__

10 도전문제 (118쪽 조건에 맞게 수 가르기)
두 주머니에 사탕이 각각 8개씩 들어 있습니다. 은빈이와 주호는 사탕을 나누어 가지려고 합니다. 은빈이가 주호보다 사탕을 더 많이 가지게 되는 경우는 몇 가지인가요? (단, 은빈이와 주호는 사탕을 적어도 한 개씩은 가집니다.)

❶ 사탕의 수는?
예) 8과 8을 모으기 하면 16이므로 사탕은 16개입니다.

❷ 사탕의 수를 두 수로 가르기 하면?
예) 16은 1과 15, 2와 14, 3과 13, 4와 12, 5와 11, 6과 10, 7과 9, 8과 8, 9와 7, 10과 6, 11과 5, 12와 4, 13과 3, 14와 2, 15와 1로 가르기 할 수 있습니다.

❸ 은빈이가 주호보다 사탕을 더 많이 가지게 되는 경우는?
예) 위 ❷에서 16을 ㉠과 ㉡으로 가르기 했을 때 ㉠이 ㉡보다 더 큰 경우는 9와 7, 10과 6, 11과 5, 12과 4, 13과 3, 14와 2, 15와 1로 7가지입니다.
따라서 은빈이가 주호보다 사탕을 더 많이 가지게 되는 경우는 7가지입니다.

답 __7가지__

실력 평가

1 빨간색 구슬이 2개 있습니다. 초록색 구슬은 빨간색 구슬보다 1개 더 많습니다. 노란색 구슬은 초록색 구슬보다 1개 더 많습니다. 노란색 구슬은 몇 개인가요?

풀이 예) 2보다 1만큼 더 큰 수는 3이므로 초록색 구슬은 3개입니다.
3보다 1만큼 더 큰 수는 4이므로 노란색 구슬은 4개입니다.

답   4개

2 , 모양 중에서 ㉮와 ㉯에 공통으로 들어 있는 모양을 찾아 ○표 하세요.

풀이 예) ㉮ 물건에서 두루마리 휴지는 🛢 모양, 털실은 ⬤ 모양입니다.
㉯ 물건에서 지우개는 🧊 모양, 풀은 🛢 모양입니다.
따라서 ㉮에도 있고 ㉯에도 있는 모양은 🛢 모양입니다.

답   (🧊 , 🛢 , ⬤)

3 똑같은 컵에 물을 가득 담아 ㉮ 그릇에 4번 붓고, ㉯ 그릇에 6번 부었더니 각각의 그릇에 물이 가득 찼습니다. 담을 수 있는 양이 더 많은 그릇은 어느 것인가요?

풀이 예) 컵에 물을 가득 담아 채우는 횟수를 비교하면 4번<6번입니다.
                                                        ㉮   ㉯
따라서 담을 수 있는 양이 더 많은 그릇은 물을 채우는 횟수가 더 많은 ㉯입니다.

답   ㉯ 그릇

4 주영이는 토마토 36개를 상자에 담으려고 합니다. 토마토를 한 상자에 10개씩 담아 4상자를 만들려면 토마토가 몇 개 더 있어야 하나요?

풀이 예) 토마토 36개를 10개씩 상자에 담으면 3상자와 낱개 6개가 됩니다.
낱개 6개가 10개가 되려면 4개가 더 있어야 합니다.
따라서 더 있어야 하는 토마토는 4개입니다.

답   4개

5 9명이 강당에 한 줄로 서 있습니다. 동준이는 뒤에서 다섯째에 서 있습니다. 동준이는 앞에서 몇째에 서 있나요?

풀이 예) ○를 9개 그린 다음 순서를 뒤에서부터 세어 동준이가 서 있는 곳에 색칠합니다.
(앞) ○○○○●○○○○ (뒤)
따라서 동준이는 앞에서 다섯째에 서 있습니다.

답   다섯째

---

6 4장의 수 카드 [5], [1], [3], [8] 중에서 2장을 골라 차가 가장 큰 뺄셈식을 만들었을 때, 차를 구해 보세요.

풀이 예) 차가 가장 크려면 가장 큰 수에서 가장 작은 수를 뺍니다.
수 카드의 수를 큰 수부터 차례대로 쓰면 8, 5, 3, 1입니다.
따라서 차가 가장 큰 뺄셈식을 만들어 차를 구하면 8-1=7입니다.

답   7

7 클립 5개와 집게 3개의 무게가 같습니다. 클립과 집게는 각각 무게가 같을 때, 클립과 집게 중에서 1개의 무게가 더 무거운 것은 어느 것인가요?

풀이 예) 클립 5개와 집게 3개의 무게가 같으므로 클립 5개 중에서 2개를 빼서 클립 3개와 집게 3개의 무게를 비교하면 집게 3개가 더 무겁습니다.
따라서 1개의 무게가 더 무거운 것은 집게입니다.

답   집게

8 진수는 귤 13개를 채빈이와 나누어 가지려고 합니다. 진수가 채빈이보다 귤을 1개 더 적게 가지려면 진수는 귤을 몇 개 가져야 하나요?

풀이 예) 13은 1과 12, 2와 11, 3과 10, 4와 9, 5와 8, 6과 7로 가르기 할 수 있습니다.
이 중에서 가르기 한 두 수의 차가 1인 경우는 6과 7입니다.
따라서 진수는 귤을 6개 가져야 합니다.

답   6개

9 버스에 몇 명이 타고 있었는데 이번 정류장에서 6명이 내리고 5명이 탔습니다. 지금 버스에 타고 있는 사람이 7명이라면 처음 버스에 타고 있던 사람은 몇 명인가요?

풀이 예) 5명이 타기 전의 사람은 7-5=2(명)입니다.
처음 버스에 타고 있던 사람 수는 6명이 내리기 전의 사람 수와 같으므로 2+6=8(명)입니다.

답   8명

10 규칙에 따라 🧊, 🛢, ⬤ 모양을 늘어놓고 있습니다.

14째까지 놓을 때 🛢 모양은 모두 몇 개인가요?

⬤🛢🧊⬤🛢🧊⬤🛢🧊⬤ ……

풀이 예) ⬤, 🛢, 🧊 모양이 반복되는 규칙입니다.
10째에 ⬤ 모양이 놓여 있으므로 11째에는 🛢, 12째에는 🧊, 13째에는 ⬤, 14째에는 🛢 모양이 놓입니다.
따라서 14째까지 놓을 때 🛢 모양은 모두 5개입니다.

답   5개

1 수 카드를 작은 수부터 놓을 때 앞에서 첫째에 놓이는 수를 구해 보세요.

> 5 2 8 6 9

풀이 예 5, 2, 8, 6, 9를 작은 수부터 놓으면 2, 5, 6, 8, 9입니다.
따라서 앞에서 첫째에 놓이는 수는 2입니다.

답 _____2_____

2 설명하는 모양과 같은 모양의 물건을 찾아 기호를 써 보세요.

> • 잘 굴러갑니다.
> • 쌓을 수 있습니다.   ㉠   ㉡   ㉢

풀이 예 잘 굴러가고, 쌓을 수 있는 모양은 ▢ 모양입니다.
따라서 ▢ 모양의 물건은 ㉢입니다.

답 _____㉢_____

3 7명이 한 줄로 서 있습니다. 앞에서 셋째와 여섯째 사이에 서 있는 사람은 모두 몇 명인가요?

풀이 예 ○를 7개 그린 다음 앞에서 셋째와 여섯째에 색칠합니다.
(앞) ○ ○ ○ ○ ○ ○ ○ (뒤)
　　　셋째　　　여섯째
따라서 셋째와 여섯째 사이에 서 있는 사람은 모두 2명입니다.

답 _____2명_____

4 나팔꽃, 봉숭아, 코스모스 중에서 키가 가장 작은 꽃은 무엇인가요?

> • 나팔꽃은 봉숭아보다 키가 더 큽니다.
> • 코스모스는 나팔꽃보다 키가 더 큽니다.

풀이 예
코스모스 ▭▭▭▭▭▭▭
나팔꽃 ▭▭▭▭▭　　작습니다.
봉숭아 ▭▭▭
따라서 키가 가장 작은 꽃은 봉숭아입니다.

답 _____봉숭아_____

5 주빈이가 호두를 4개 먹었고, 가영이는 주빈이보다 1개 더 적게 먹었습니다. 주빈이와 가영이가 먹은 호두는 모두 몇 개인가요?

풀이 예 (가영이가 먹은 호두 수)=(주빈이가 먹은 호두 수)−1=4−1=3(개)
따라서 주빈이와 가영이가 먹은 호두는 모두 4+3=7(개)입니다.

답 _____7개_____

6 두 주머니에 사탕이 각각 10개, 6개 들어 있습니다. 사탕을 준서와 형이 똑같이 나누어 먹으려고 합니다. 한 사람이 먹게 되는 사탕은 몇 개인가요?

풀이 예 10과 6을 모으기 하면 16입니다.
16을 똑같은 두 수로 가르기 하면 8과 8입니다.
따라서 한 사람이 먹게 되는 사탕은 8개입니다.

답 _____8개_____

---

7 세 상자에 구슬이 각각 들어 있습니다. 구슬이 많이 들어 있는 상자부터 차례대로 기호를 써 보세요.

㉠ 상자	10개씩 묶음 4개와 낱개 6개
㉡ 상자	48개
㉢ 상자	10개씩 묶음 3개와 낱개 14개

풀이 예 ㉠ 상자: 10개씩 묶음 4개와 낱개 6개이므로 46개입니다.
㉢ 상자: 10개씩 묶음 3개와 낱개 14개이므로 44개입니다.
46, 48, 44를 큰 수부터 차례대로 쓰면 48, 46, 44입니다.
따라서 구슬이 많이 들어 있는 상자부터 차례대로 기호를 쓰면
㉡, ㉠, ㉢입니다.

답 _____㉡, ㉠, ㉢_____

8 세 사람이 똑같은 컵에 가득 들어 있던 주스를 각각 마시고 남은 것입니다. 주스를 많이 마신 사람부터 차례대로 이름을 써 보세요.

윤서　　　민혁　　　동우

풀이 예 마신 주스의 양이 많을수록 마시고 남은 주스의 양이 적습니다.
마시고 남은 주스의 양이 적은 사람부터 차례대로 이름을 쓰면
민혁, 윤서, 동우입니다.
따라서 주스를 많이 마신 사람부터 차례대로 이름을 쓰면
민혁, 윤서, 동우입니다.

답 _____민혁, 윤서, 동우_____

9 지아는 가지고 있던 ▨, ▤, ● 모양을 사용하여 다음과 같이 만들었더니 ● 모양이 1개 남았습니다. 지아가 처음에 가지고 있던 ▨, ▤, ● 모양은 각각 몇 개인가요?

풀이 예 만드는 데 사용한 ▨ 모양은 4개, ▤ 모양은 5개, ● 모양은 2개입니다.
남은 ● 모양은 1개입니다.
따라서 지아가 처음에 가지고 있던 ▨ 모양은 4개, ▤ 모양은 5개, ● 모양은 3개입니다.

답 ▨ 모양: __4개__ ▤ 모양: __5개__ ● 모양: __3개__

10 딸기 맛 사탕 5개와 포도 맛 사탕 3개가 있었습니다. 그중에서 몇 개를 먹었더니 6개가 남았습니다. 먹은 사탕은 몇 개인가요?

풀이 예 사탕은 모두 5+3=8(개)입니다.
(전체 사탕 수)−(먹은 사탕 수)=(남은 사탕 수)이므로
8−(먹은 사탕 수)=6입니다.
8−2=6이므로 먹은 사탕은 2개입니다.

답 _____2개_____

1 다음 두 조건을 모두 만족하는 수를 구해 보세요.

> • 1과 4 사이의 수입니다.
> • 3보다 작은 수입니다.

풀이 예 1부터 4까지의 수를 순서대로 쓰면 1, 2, 3, 4이므로
1과 4 사이의 수는 2, 3입니다.
따라서 2, 3 중에서 3보다 작은 수는 2입니다.

답 _____2_____

2 40보다 크고 50보다 작은 수 중에서 낱개의 수가 7인 수는 얼마인가요?

풀이 예 40보다 크고 50보다 작은 수는 41부터 49까지이므로
10개씩 묶음의 수는 4입니다.
따라서 10개씩 묶음이 4개, 낱개가 7개이므로 47입니다.

답 _____47_____

3 오른쪽은 세훈이와 유정이가 똑같은 병에 물을 가득 따라 마시고 남은 것입니다. 물을 더 적게 마신 사람은 누구인가요?

풀이 예 마시고 남은 물의 양이 많을수록 마신 물의 양이 적습니다.
마시고 남은 물의 양은 세훈이가 유정이보다 많습니다.
따라서 물을 더 적게 마신 사람은 세훈입니다.

답 _____세훈_____

4 쌓을 수 있는 모양의 물건을 모두 찾아 기호를 써 보세요.

풀이 예 쌓을 수 있는 모양은 🔲 모양과 🔳 모양입니다.
🔲 모양의 물건은 ⓒ이고,
🔳 모양의 물건은 ㉠, ㉣입니다.

답 _____㉠, ㉡, ㉣_____

5 서하와 윤재는 마카롱 9개를 나누어 가졌습니다. 서하가 가진 마카롱이 4개라면 서하와 윤재 중에서 마카롱을 더 많이 가진 사람은 누구인가요?

풀이 예 윤재가 가진 마카롱은 $9-4=5$(개)입니다.
서하와 윤재가 가진 마카롱의 수를 비교하면
4개<5개이므로 마카롱을 더 많이 가진 사람은
윤재입니다.

답 _____윤재_____

6 고구마 밭은 감자 밭보다 더 넓고 당근 밭은 감자 밭보다 더 좁습니다. 고구마 밭, 감자 밭, 당근 밭 중에서 가장 넓은 밭은 어디인가요?

풀이 예 (고구마 밭의 넓이)>(감자 밭의 넓이)이고,
(당근 밭의 넓이)<(감자 밭의 넓이)이므로
감자 밭은 당근 밭보다 넓고 고구마 밭보다 좁습니다.
따라서 가장 넓은 밭은 고구마 밭입니다.

답 _____고구마 밭_____

실력 평가

7 3장의 수 카드 [3], [1], [4] 중에서 2장을 골라 몇십몇을 만들려고 합니다. 만들 수 있는 몇십몇 중에서 가장 작은 수는 얼마인가요?

풀이 예 가장 작은 몇십몇을 만들려면 가장 작은 수와 둘째로 작은 수를 차례로 써야 합니다.
3, 1, 4 중에서 가장 작은 수는 1, 둘째로 작은 수는 3이므로 만들 수 있는 몇십몇 중에서 가장 작은 수는 13입니다.

답 _____13_____

8 서현이는 가지고 있는 🔲, 🔳, ⚪ 모양을 사용하여 다음과 같이 만들려고 했더니 🔲 모양이 1개 부족하고, 🔳 모양이 1개 남았습니다.
서현이가 가지고 있는 🔲, 🔳, ⚪ 모양은 각각 몇 개인가요?

풀이 예 만드는 데 필요한 🔲 모양은 3개, 🔳 모양은 6개, ⚪ 모양은 4개입니다.
만들려면 🔲 모양이 1개 부족하고 🔳 모양이 1개 남습니다.
따라서 서현이가 가지고 있는 🔲 모양은 2개, 🔳 모양은 7개, ⚪ 모양은 4개입니다.

답 🔲 모양: __2개__, 🔳 모양: __7개__, ⚪ 모양: __4개__

9 학생들이 한 줄로 서서 달리기를 하고 있습니다. 세연이는 앞에서 넷째, 뒤에서 셋째로 달리고 있습니다. 달리기를 하는 학생은 모두 몇 명인가요?

풀이 예 앞에서 넷째까지 ⚪를 그려서 넷째에 색칠하고 색칠한 ⚪가 뒤에서 셋째가 되도록 ⚪를 그립니다.
(앞) ⚪ ⚪ ⚪ ⚫ ⚪ ⚪ (뒤)
따라서 그린 ⚪는 모두 6개이므로 달리기를 하는 학생은 모두 6명입니다.

답 _____6명_____

10 합이 7이고, 차가 3인 두 수가 있습니다. 두 수를 구해 보세요.

풀이 예 합이 7인 덧셈식은 $0+7=7$, $1+6=7$, $2+5=7$, $3+4=7$입니다.
합이 7인 덧셈식 중 더한 두 수의 차가 3인 덧셈식은 $2+5=7$입니다.
따라서 합이 7이고, 차가 3인 두 수는 2, 5입니다.

답 _____2_____ , _____5_____

MEMO

대표전화 1544-0554

주소 경기도 과천시 과천대로2길 54